JN120080

Economic security &
Semiconductor Supply Chain

経済安全保障と
半導体サプライチェーン

戸堂康之・西脇　修［編著］

松本　泉・吉本　郁［著］

文眞堂

はしがき

　経済安全保障と半導体サプライチェーンに関しては，それぞれ，近年，日本においても，国際的にも，大きな注目を集めている。

　経済安全保障については，日本において，2021年10月には，担当する大臣が初めて置かれ，2022年5月には，経済安全保障推進法が成立した。

　半導体サプライチェーンについても，台湾のTSMCとソニーグループによる熊本での約8,000億円の工場建設の設備投資が2021年11月に発表され，また，翌月には，日本国内において先端半導体の工場の新設や増設の支援に充てる6,170億円が2021年度補正予算に計上された。米国においても，2022年8月に，米国内での半導体工場の建設等を527億ドル（約7.1兆円）規模で支援するCHIPS・科学法が米議会で成立，大統領によって署名された。EUも，2022年2月に，官民で2030年までに430億ユーロ（約5.7兆円）を投じるとしている。中国においても，産業政策として2015年に定められた，「中国製造2025」において，半導体産業を重要戦略産業と位置づけ，支援するため巨額の国家集積回路産業発展投資基金を設けた。

　各国が半導体産業に対して手厚い支援をする一方で，米国は2018年以降，累次の輸出管理規制強化の中で，ファーウェイ社を始めとする中国に対する半導体製造装置等の輸出規制を強化し，世界の半導体サプライチェーンは大きな影響を受けていく。

　以上起きている事象をどのように理解していったら良いのだろうか。その前提として，経済安全保障とはどういう概念なのだろうか。半導体サプライチェーンは何故，近年ここまで注目されるのだろうか。経済安全保障と半導体サプライチェーンはどういう関係にあるのだろうか。

　本書は，近年，注目されているこの経済安全保障と半導体サプライチェーンという2つのテーマとその関係性について，国際政治，国際経済，国際通商法の研究者，実務家が，それぞれの観点から独自の視点で論じ，これらのテーマ

について関心がある，ビジネスパーソン，行政官，研究者，学生等の方々の理解を深める一助になることを目的としている。経済安全保障と半導体サプライチェーンを巡って起きていること，考えるべきことを，学問的な分析も交えながら論じており，起きていることを，より深く理解する上で，類書に見ない内容となっている。

第1章では，西脇が，半導体サプライチェーンを巡る最近の動きを概観した上で，今なぜ半導体サプライチェーンが注目されているのかについて，論じている。次に，経済安全保障とは何かについて先行研究や経済安全保障推進法の実際も踏まえつつ論じ，その上で，経済安全保障と半導体サプライチェーンとの関係，国際通商秩序と半導体サプライチェーンの関係，さらには，経済安全保障と国際通商秩序の関係について，それぞれ論じている。

第2章では，西脇が，第1章での議論を前提に，米国を発祥とする国際的な半導体産業，半導体サプライチェーンの成長，そしてそれを巡る主要国間の「攻防」を，日米半導体摩擦から最近の米中対立まで取り上げ，新たなパワーの急速な台頭と国際通商秩序という国際政治学の観点を交えながら論じている。その上で，日本として，経済安全保障の視点から，技術優位性の確保と脆弱性の克服に努めると共に，新たなパワー分布に見合った形でルールが適切に機能するよう，国際通商秩序の再構築に取り組む必要があることを指摘している。

第3章では，戸堂が，経済安全保障を踏まえた半導体及びそれを利用した電気電子機器産業に関する日米欧中の政策，さらには貿易・サプライチェーンの現状と変化を概観する。その上で，国際経済学の観点から理にかなった，半導体・電気電子機器産業のサプライチェーンの強靱化，フレンドショアリングや国際共同研究等の効果的な産業政策のあり方や通商政策のあり方等について論じ，提言を行っている。

第4章では，松本が，経済安全保障と半導体サプライチェーンに関連した最近の動きである，米国における輸出管理規則（EAR）の規制強化，税関における執行強化，CHIPS・科学法等について，実務家の参考にもなるように法制度の内容と背景について詳細に論じている。また同様に，日本の動きについても，外為法の改正による輸出管理強化，経済安全保障推進法，5G促進法等を

取り上げ，法制度の内容と背景について詳細に論じている。

　第5章では，吉本が，国際政治経済学の観点から，トランプ政権，バイデン政権における，米国での経済安全保障と半導体サプライチェーンに関する政策形成を巡る力学について，大統領・ホワイトハウス，連邦議会・議員，企業・業界団体，シンクタンク等のアクターに注目しながら，詳細に論じている。

　以上のように，本書は，第一線で活躍する気鋭の研究者，実務家が執筆陣に参加し，経済安全保障と半導体サプライチェーンに関し，それぞれの専門の観点から考察したものである。個々のテーマについての自己の主張を自由に論じ，執筆者の意見の調整等は一切行っていない。

　本書は，2022年前半に，政策研究大学院大学政策研究院にて行った，経済安全保障と半導体サプライチェーンに関する意見交換を端緒とするものである。意見交換に参加いただいた，一般財団法人機械振興協会経済研究所の井上弘基首席研究員，日本経済新聞社の太田泰彦編集委員，アジア経済研究所の川上桃子上席主任調査研究員，東京大学公共政策大学院の鈴木一人教授，政策研究大学院大学の白石隆名誉教授，埼玉大学の冨田晃正准教授，元富士通執行役常務取締役で半導体事業を担当された株式会社SSCの藤井滋代表取締役社長，元日立製作所専務取締役で半導体事業を担当された半導体産業人協会特別顧問の牧本次生氏等に，この場を借りて厚く御礼申し上げたい。無論，文責はすべて執筆者たちが負うものである。またこのような政策研究活動に対する政策研究院の渡辺修院長を始めとする政策研究大学院大学の関係者の方々のご理解に厚く御礼申し上げたい。

　最後に，本書の刊行を快諾し，編集の労を執っていただいた文眞堂の前野隆代表取締役，前野弘太常務取締役に，執筆者一同心からお礼を申し上げたい。

　　2023年5月

　　　　　　　　　　　　　　　　　　　　　　　　　　　　　編著者

目　　次

第1章

経済安全保障と
半導体サプライチェーン

　本章では，第1節で今なぜ半導体サプライチェーンに注目が集まっているの
か，最近の国際的な動きを概観すると共に，背景を論じたい。また，第2節
で，半導体サプライチェーンとの関係でも注目されている経済安全保障に関
し，その概念を整理し，経済安全保障と半導体サプライチェーンを巡る動きの
関係について論じたい。さらに，第3節で，同じく半導体サプライチェーンを
巡る動きを理解していく上で必要と考えられる，新たなパワーの台頭による国
際通商秩序の変化について論じる。半導体が重要な産業であるが故に，新たな
パワーの台頭による国際通商秩序の変化と半導体サプライチェーンは関係する
のである。第4節では，その国際通商秩序と経済安全保障との関係について，
半導体サプライチェーンを巡る問題を理解していく前提として論じたい。その
上で，第5節で本章での議論をまとめたい[1]。

第1節　はじめに　今なぜ半導体サプライチェーンか

1. 最近の動き

　半導体およびそのサプライチェーンに関して，近年，国際的に様々な動きが
起きている。例えば，中国は，2015年5月に定めた「中国製造2025」におい
て，重要戦略産業10分野の1つとして半導体を指定し，2020年までに自給率
40％，2025年までに70％を掲げ，その支援のため，1,387億元（206億ドル）
規模の国家集積回路産業発展投資基金を設けた（経済産業省 2018, 179-180,

196-199）。

　他方で，米国は 2018 年以降，累次の輸出管理規制強化の中で，中国のファーウェイ等に対する半導体製造装置等の輸出規制を強化していった。輸出規制は米国からの半導体および製造輸出の規制に留まらず，2020 年 5 月には，ファーウェイが仕様を指示した外国製の半導体および米国製の製造装置の使用も輸出規制の対象とし，米国以外の企業が米国の半導体製造装置を使って，ファーウェイ向けに半導体を製造することも事実上禁止した（「直接製品ルール」の適用拡大）（中野 2021, 130）。

　また，2020 年以降の新型コロナ危機は，半導体サプライチェーンに影響を与え，半導体の供給を減少させると共に，スマートフォン，パソコン，ゲーム機等のいわゆる「リモート需要」，「巣ごもり需要」は，半導体への需要を増大させ，需給が逼迫し，自動車産業を始め，様々な産業に影響を与えた。

　2020 年 5 月には，米国での新たな動きとして，世界最大の半導体受託生産会社（ファウンドリー）である台湾の TSMC が，米国アリゾナでの工場の建設を発表した[2]。TSMC は，2029 年までの総投資額は，約 120 億ドルになるとしている。

　2021 年 11 月には，今度は日本での動きとして，TSMC とソニーグループによる熊本での約 8,000 億円の工場建設の設備投資が発表された[3]。同年 12 月には，日本国内において先端半導体の工場の新設や増設を支援する関連法が改正

図表 1-1　経済安全保障と半導体サプライチェーンをめぐる主な動き

年月	動き
2014 年 9 月	中国における国家集積回路産業発展投資基金の設立
2015 年 5 月	「中国製造 2025」にて半導体を重要分野として指定
2018 年 8 月	米国輸出管理改革法（ECRA）の成立
2019 年 5 月	米国 ECRA Entity List へのファーウェイ掲載
2020 年 1 月	WHO が新型コロナを国際的な公衆衛生上の緊急事態と宣言
2020 年 5 月	米国が「直接製品ルール」の適用拡大
2020 年 5 月	TSMC が米国アリゾナに工場建設を発表
2021 年 11 月	TSMC とソニーによる熊本工場建設の発表
2022 年 2 月	欧州委員会による「欧州半導体法案」の公表
2022 年 5 月	日本における経済安全保障推進法の成立
2022 年 8 月	米国における CHIPS・科学法の成立

出所：諸資料を基に筆者作成

され，支援に充てる 6,170 億円が 2021 年度補正予算に計上された[4]。

　さらに，2022 年 2 月には，EU での動きとして，欧州委員会が，EU 域内の半導体生産の拡大に向けた欧州半導体法案を公表した[5]。EU や加盟国が補助金を出しやすい体制を整え，官民で 2030 年までに 430 億ユーロ（約 5.7 兆円）を投じるとしている。また，同年 8 月には，米国内での半導体工場の建設等を 527 億ドル（約 7.1 兆円）規模で支援する CHIPS・科学法が米議会で成立，バイデン大統領によって署名された[6]。

2.　背景

　以上のような，日本や米国，中国，EU 等主要国における，近年の半導体サプライチェーンを巡る活発な政策的な動きの背景には何があるのだろうか。主に 3 点を指摘したい。

　1 点目は，半導体について，これまでの PC やスマートフォン等による大きな需要に加えて，人工知能（AI）や自動運転，データセンター等，半導体を大量に必要とする先端技術の産業上，安全保障上の需要，意義が増大していることが挙げられる。5G による通信インフラの構築や，AI の活用を含むデータ経済化等，データ経済上，そして安全保障上，半導体は益々欠かせない物資となっている。日本のトラヒック（データ通信量）は年々増加し，例えば，2019〜2021 年の 3 年間で約 2 倍となった。今後 10 年間でデータ通信量が 36 倍以上になるとの試算もあり，「情報爆発」の状況にある（経済産業省 2021）。そして，現代の基幹産業になった GAFA らプラットフォーマーにとって，膨大な情報を蓄えるデータセンターは大量の半導体を使う。またウクライナ危機でも戦況に影響を与えている精密なミサイルやドローンは，半導体がその技術の中核となっている。データ処理，AI や 5G を始めとする高機能な情報通信等に基づく精密性が兵器性能，戦術，戦略に与える影響は大きく，半導体の質と量が軍事安全保障に与える影響は大きいと考えられ，米国の軍事的優位も半導体の軍事応用力に負うところが大きいと指摘されている（Miller 2022, xvii-xix）。

　2 点目は，米中対立を始めとする国際環境の急速な変化，地政学的な緊張が挙げられる。1989 年の冷戦終結以降，1995 年の世界貿易機関（WTO）の設立

や，2001年の中国のWTO加盟等を経て，世界経済は約30年間にわたり，自由貿易というルールと秩序の下でのグローバル化が進展し，半導体サプライチェーンを含むグローバル・サプライチェーンが構築され，相互依存が深まった。しかしながら，グローバル化の恩恵を受けた中国等新興国の急速な台頭というパワー分布の急速な変化により，従来のパワー分布を前提とした国際秩序の機能は低下し，地政学的な緊張は高まり，一方向でのグローバル化は1つの区切りを迎えたと言える。2022年2月に始まった，ロシアによるウクライナ侵攻と，それに対する経済制裁は，それを確定的なものとした。半導体サプライチェーンを含むグローバル・サプライチェーンへの依存は，経済安全保障上のリスク要因ともなり，見直しが求められることとなった。

　3点目は，グローバル・サプライチェーンという特徴を持つ半導体産業における，先端半導体技術・生産の地理的偏在，各国の新たな産業政策，日本の半導体産業の競争力の低下等の半導体産業に関する構造的な変化が挙げられる。半導体とそのサプライチェーンの重要性が増している一方で，日本の強みが弱体化し，他方で特定の国々の強みが増大し，日本の経済安全保障，自律性にとってのリスクが増大している。

　以上の3点が相まって，経済安全保障・安全保障上，産業政策上，半導体とそのサプライチェーンが，各国において注目されていると指摘できる。

第2節　経済安全保障の概念と半導体サプライチェーン

1.　経済安全保障の概念

　経済安全保障と半導体サプライチェーンを論じるにあたって，経済安全保障とは何かに関する概念整理の必要がある。

　経済安全保障も近年，日本において大きな注目を集めている。2021年10月には，経済安全保障を担当する大臣が置かれ，2022年5月には，経済安全保障推進法[7]が成立し，同年8月には，政府において，同法を施行する経済安全保障推進室が内閣府に設置された。

　経済安全保障に関しては，それを構成する要素，例えば輸出管理制度については，従前より存在しているが，1つの政策概念として，経済安全保障と呼称するのは，日本における比較的新しい事象であると言える。従前は，エコノミック・ステイトクラフト（ES）という概念がより一般的に議論されてきた。鈴木は，デビッド・ボールドウィンや赤根谷のESに関する定義について言及した上で，ESを「経済的な手段を用いて自らの政治的意思を強制し，国家戦略上の目標を実現する」と定義している（鈴木 2021, 10-11）。その上で，経済安全保障について，ESとの対比で，ESが，「国家の主体的な行為として，他国に対して何らかの意図をもって経済的手段を用いて影響力を行使しようとするのに対し」，経済安全保障は，「他者による意図的な行為であれ，災害などの非意図的な現象であれ，国家にとってその存立を脅かす事象に対処することが目的とされる」と述べて，ESを「攻め」とし，経済安保を「守り」と指摘している（鈴木 2022, 9）。

　これに対して，太田は経済安全保障について，「『経済そのもの』の安全を確保することなのか，国家の安全を確保するための『経済的な要件』を指すことなのか」と指摘している（太田 2021, 43-44）。

　では，経済安全保障について，どう捉えたらよいだろうか。

　経済安全保障の概念について，経済安全保障推進法をみると，第1条の目的で，「安全保障の確保に関する経済施策を総合的かつ効果的に推進することを目的とする」と規定している。文字通り読めば，安全保障の確保に関する経済施策が，経済安全保障を意味するとなる。

　経済安全保障推進法をさらにみると，第1章は目的を含む総則について，第2章は特定重要物質の安定的な供給について，第3章は特定社会基盤役務の安定的な提供の確保，第4章は特定重要技術の開発支援，第5章は特許出願の非公開，第6章は雑則，第7章は罰則をそれぞれ規定している。このうち，第2章および第3章は，脆弱性の克服という意味で，「守り」と位置づけることができると考えられる。他方で，第4章および第5章は，技術優位性の確保という意味で，「攻め」と位置づけることができるのではないだろうか。すなわち，日本における経済安全保障の実務の基となる経済安全保障推進法においては，経済安全保障に関し，実際には「守り」（脆弱性の克服）と「攻め」（技術優位

性の確保）の2つの概念が存在していると指摘できる。政府において経済安全保障に関する議論を行った，経済安全保障推進会議の公開資料においても，自律性の向上（基幹インフラやサプライチェーン等の脆弱性の解消），優位性ひいては不可欠性の確保（研究開発強化等による技術・産業競争力の向上や技術流出の防止）という2つの概念で整理されている（内閣官房 2021）。

　また，太田の指摘する，経済の安全保障なのか，安全保障における経済的手段なのかという視点で見ても，経済安全保障推進法には，経済の安全保障の視点（例：国民生活・経済活動が依拠している重要な物質の安定的な供給の確保（同法第2章））と，いわゆる安全保障の視点（例：安全保障上，機微な特許出願の非公開等（同法第5章））の両方が存在していると指摘できる。

　まとめると，経済安全保障推進法に体現される，経済安全保障政策の実務には，鈴木が指摘するところの「守り」としての経済安全保障（脆弱性の克服）と共に，技術優性の確保という意味で，ES的な「攻め」としての経済安全保障も概念として含まれているのではないだろうか。また，太田の指摘するところの経済の安全保障と安全保障における経済的手段の両方についても，経済安全保障推進法には概念上存在していると指摘できるのではないだろうか。

　半導体サプライチェーンをみていくに当たっても，この多義的な視点，特に「守り」としての経済安保と，「攻め」の経済安保の両視点で見ていくことが，議論や政策の整理に役立つと考えられる。

2.　半導体サプライチェーンとの関係

　半導体サプライチェーンと経済安全保障との関係について具体的にみれば，1つは，経済社会に欠かせない製品としての半導体を確保するという狭義の経済安全保障（「守り」）の側面と，もう1つは，優位にある技術を維持・発展させ，技術優位性を保つ（「攻め」）という側面の二面性があると指摘できる。

　これを例えば，日本政府が支援し，誘致したTSMCとソニーによる熊本工場の意義についてみれば，汎用の半導体の生産能力を日本国内に確保するという観点でみれば，「守り」としての経済安全保障ということができる。他方で，これを仮に先端半導体技術および製造技術についての技術移転へとつながりう

るものであると捉えることができるのであれば，技術優位性の獲得の一環として「攻め」としての経済安全保障ということができる。

　このような経済安全保障の概念の多義性，特に「攻め」と「守り」については日本固有のものではないと考えられる。米国でも，経済安全保障という文言は使わないが，バイデン政権下で米政府により，2021年6月に纏められ，公表された，半導体を含む重要製品に関するサプライチェーン強化に向けた報告書においても，5ナノのロジック半導体のような先端半導体の生産能力が米国内で欠如していることへの言及に加えて，先端ではない半導体の生産についても台湾，韓国，中国といった特定国・地域に生産を依存していることのリスクへの言及があり，技術優位性の確保という「攻め」の視点のみならず，脆弱性の克服という「守り」の視点にも政策的な関心を示していることが表れている（The White House 2021, 39）。また，2022年8月に成立した，CHIPS・科学法においても，先端的な半導体の研究開発支援のみならず，米国内の半導体工場の立地支援を先端半導体に特に限定することなく行う内容となっている。すなわち，米国においても，ES的な観点からの政策的な議論だけではなく，狭義の経済安全保障とでもいうべき「守り」の観点での政策的議論も行われているのである。

第3節　新たなパワーの台頭による国際通商秩序[8]の変化

1. 半導体サプライチェーンと国際通商秩序

　半導体産業をみていく上で，前節でみた経済安全保障の概念と共に重要な概念として，新たなパワーの台頭による国際通商秩序の変化についても，本書での議論の前提として言及しておきたい。半導体産業は経済安全保障上も産業競争力上も重要な産業であるが故に，新たなパワーの台頭による国際通商秩序の変化に関係し，同時に，国際通商秩序の変化の影響を受けると考えられるからである。

　議論の前提として，半導体産業，サプライチェーンに関連する国際通商秩序

としては，関税および貿易に関する一般協定（GATT）や WTO 等の国際通商秩序が挙げられる。第2次世界大戦後，米国が主導して設立された国際通商秩序である GATT の下での自由貿易により，例えば日本と米国の間で，半導体等の貿易が行われ，日本は半導体の米国への輸出を大幅に伸ばしていく。

また，冷戦終結（1989年）の後に，GATT の機能を強化，発展させて，WTO が 1995 年に設立される。中国も 2001 年に WTO に加盟し，WTO の下での自由貿易により，中国も含めた半導体産業，半導体を需要する電機・電子産業の国際分業，サプライチェーンが発展していった。WTO の下では，半導体および半導体サプライチェーンについては，WTO の下でのサブ・レジームとも言える，日米 EU 等の WTO 加盟の有志国・地域による，半導体を含む IT 製品の関税撤廃に合意した，情報技術協定（ITA）が 1997 年に締結される。ITA については，その後，中国の WTO 加盟と ITA への参加や，IT 関係の技術革新を経て，2012 年に対象品目を拡大する，ITA 拡大（ITA2）交渉が，日，米，EU，中国，韓国，台湾等の主要国・地域が参加して開始され，2015 年に交渉が妥結する。さらに安定した国際通商秩序が確立されたように思えた。

国際社会は，冷戦終結後，上記のような WTO を始めとする安定した国際通商秩序の下，国際分業，グローバリゼーションの時代をしばし享受し，半導体産業においても，広範な国際分業，サプライチェーンが構築されるのである。

2. 新たなパワーの急速な台頭の影響

では新たなパワーが急速に台頭したときに，国際通商秩序に何が起きるのだろうか。1970 年代から 1980 年代の日本の急速な台頭の一部としての，日本の半導体産業の台頭を受けて，日米半導体摩擦が起きた。また，WTO 加盟以降の中国の急速な台頭と，その一部としての中国の半導体産業の台頭に対して，米中貿易摩擦や米国による輸出管理体制の強化という事象が起きている。これらの事象は，どのように理解したら良いだろうか。

GATT や WTO 等の国際秩序，国際レジームは，一定の交渉などを経て，ルールや機能について合意し，成立後は，そのルールが機能していく。GATT や WTO でいえば，物品に関する譲許関税率やサービス自由化に関する譲許，

補助金協定等のルール，紛争解決制度等の機能である。WTO については，1986 年から 1993 年にかけてのウルグアイ・ラウンド交渉で合意し，WTO 協定に具現化され，特に中国についていえば，2001 年に妥結した中国の WTO 加盟交渉で合意し，中国加盟議定書に合意されている。

　米国の国際政治学者である，コヘインやナイは，国際関係論におけるリベラリズムの立場から，相互依存と協力により，このような国際秩序，国際レジームは維持，発展すると主張する。コヘインとナイは，1977 年に出版した『パワーと相互依存』のなかで，「レジームは政府が協調的に目的を追求するよう促すのである」と指摘し（コヘイン，ナイ 2012, 441-442），コヘインは 1984 年に出版した『覇権後の国際政治経済学』において，「国際レジームが確立された後は，協調は覇権的指導国の存在を必ずしも必要としない。覇権後の協調も可能である」と論じた（コヘイン 1998, 35）。この国際レジームの役割，機能への信頼は，国際通商秩序においては，冷戦終結（1989 年）後，GATT のウルグアイ・ラウンドが妥結し（1993 年），WTO が設立され（1995 年），中国が WTO に加盟することで（2001 年），さらに強くなる。田中は，GATT のウルグアイ・ラウンドの妥結と WTO の発足を取り上げ，「経済相互依存の現実は，圧倒的リーダーも圧倒的敵もいなくとも，各国に何らかのレジームの必要性を認識させたのだといえるだろう」と述べている（田中 1996, 179-180）。さらに，アイケンベリーは，「リベラルな国際秩序は世界政治を組織化するロジックとして強靭であることが明らかとなっている」と述べている（アイケンベリー 2012, 上巻序文）。

　しかしながら，国際通商秩序を含む，国際秩序，国際レジームは所与のものではなく，秩序やレジームが成立した際のパワー分布を前提として，成立し，機能するものであり，レジームの機能と前提としていたパワー分布が著しく乖離すると，機能を停止していく。米国の国際政治学者であるクラズナーは，1983 年に出版した『国際レジーム』において，リアリストの立場から，レジームが最初に創設される際には，パワー分布とレジームの特徴との間に高いレベルでの一致があると指摘した上で，「レジームとパワー分布とは同じ割合で変化しがたい。時を経るにつれて，不一致が生じ，この不一致が著しいものとなると，最大の力を持つ国が，基底にある原則や規範を変更しようと動き，革命

的な変化が起きうる」と指摘している（Krasner 1983, 357）。

　クラズナーの議論をさらに発展させると，新興国が急速に台頭し，他方でレジームの機能，ルールの見直し，強化がそれに追いつかないと，レジームとパワー分布が，著しく不一致になり，最大の力を持つ国が，「基底にある原則や規範を変更しようと動き，革命的な変化が起きうる」が，その結果として，レジームはただ機能停止し，無秩序になるのではなく，秩序の再編，再構築へと向かうというのが筆者の考えである（西脇 2022, 185-201）。最強国にとっても，新興国にとっても，第三国にとっても，一定の秩序の存在がメリットになるからである。

　GATT や WTO 等の国際通商秩序，レジームについて言えば，GATT や WTO の成立時等のパワー分布を前提として，自由貿易が秩序として自律的に維持発展するが，新たなパワーが急速に台頭し，ルールの見直し，強化がそれに追いつかない場合，国際通商秩序はその機能を停止し，新たなパワー分布に見合った秩序の再編，再構築が行われるのである。その再編，再構築の一部として，日本の急速な台頭を受けての日米半導体摩擦や，中国の急速な台頭を受けての半導体の輸出管理を巡る米中対立が起き，半導体サプライチェーン，半導体産業に影響を与えたと指摘できる。

第 4 節　経済安全保障と国際通商秩序

　では経済安全保障と国際通商秩序とは，どういう関係にあるのだろうか。経済安全保障を自律性の確保と捉える一方で，国際通商秩序を自由貿易秩序と捉え，他国との経済的な相互依存の増大と解すれば，両者は緊張関係にありうる概念であると言える。

　両者の関係について，以下のように 3 つの時期に分けて論じたい。

　第 1 期は冷戦期である。国際協力に懐疑的な，ウォルツらネオリアリストからは，「国際公共財」の供給は，二極なら二極に編成されたそれぞれの圏内で行われると指摘された（山本 2008, 10）。同盟関係内に限定された国際公共財の提供であると言える。この観点からは，第 2 次世界大戦後，ブレトンウッズ

体制の一環として 1947 年に創設された GATT は，グローバルな国際公共財というよりは，西側諸国という同盟内の国際公共財としての国際通商秩序と位置付けることができる。GATT が西側諸国という自由主義陣営にとっての経済レジームであったという点は，1955 年に実現した日本の GATT 加盟を巡る問題に明確に表れていた。日本の GATT 加盟に英国等は，保護主義の観点等から強く反対したが，米国が強く支持した。GATT は，非共産圏における高い水準での貿易と繁栄を意図し，米国とその同盟国の利益を調和させるものだったのである（Baldwin 2020, 216-218）。

　冷戦期は，このように GATT という西側を中心とした国際公共財，国際通商秩序により，西側諸国間で安定した市場が提供されることで，共産圏諸国との間の経済相互依存が進展するリスク自体が管理されていた。さらに COCOM により，共産圏諸国に対する個別の技術移転リスクが管理されていたと言える。この二重のリスク管理により，日本を含む西側は，自律性を維持し，経済安全保障が図られていたと言える。

　第 2 期は，冷戦終結後のグローバリゼーションの進展期である。1989 年の冷戦終結後，1995 年には WTO が設立され，2001 年には，中国が WTO に加盟，グローバル経済に統合される等，国際通商秩序は，リベラリズムが言うとおり，相互依存と国際協力により，強化され，安定したかのように見えた。ルールのさらなる強化に向けて，WTO では全加盟国による新たな交渉（ドーハ・ラウンド）が 2001 年に開始され，また，WTO の紛争解決手続では，例えば，中国のレアアース禁輸問題が，WTO の紛争解決制度が十分に機能することによって解決された。このように国際通商秩序が十分に機能していれば，相互依存はリスクにはならず，国際通商秩序と経済安全保障との関係において，経済安全保障は後景に退く。

　第 3 期は，新たなパワーの急速な台頭による秩序の不安定期である。WTO 体制の下，中国は，グローバル・バリューチェーン（GVC）に入り，経済的に急成長し，経済規模でも，技術優位性でも米国に急速に接近した。中国が急速に経済成長し，影響力を増す中，WTO では，中国の急速な台頭に伴い，重要性が急速に増大していった国有企業や産業補助金に関するルール強化の議論等が進まず，強化されないルールの下での紛争解決制度への信頼性も低下した

結果，その機能が低下していった。パワー分布が急速に変化する一方で，ルールの見直しや強化が追いつかないこと等により，国際通商秩序が機能しなくなるのである。その結果，相互依存のリスクが表面化し，経済安全保障が前面に出てくることになる。

　以上，経済安全保障と国際通商秩序とは，国々のパワー分布や安全保障環境とも関係しながら，常に密接に関連し，相互に作用しあっていることが理解できる。そして半導体とそのサプライチェーンも，この両者の関係に大きな影響を受けると共に，両者の関係に影響を与えるのである。

第5節　おわりに

　本章では，第1節で，今なぜ半導体サプライチェーンに注目するのか，最近の国際的な動きを概観しつつ，① 半導体を必要とする先端技術の産業上，安全保障上の意義の増大，② 米中対立を始めとする国際関係の急速な変化，③ 先端半導体技術・生産の地理的偏在等の3点を指摘した。

　その上で，第2節以下で，経済安全保障，国際通商秩序等の半導体サプライチェーンを論じていく上で関連してくる概念について取り上げた。具体的には，第2節で，経済安全保障とは何かについて，「攻め」（技術優位性の確保），「守り」（脆弱性の克服）という2つの概念を用いて整理した上で，経済安全保障と半導体サプライチェーンとの関係について論じた。第3節で，新たなパワーの台頭が，国際通商秩序の再編，再構築につながることを論じ，そのことの半導体産業，サプライチェーンへの影響について論じた。第4節で，経済安全保障と国際通商秩序の関係について，常に密接に関連し，相互に作用しあっていることを論じた。

　第2章では，これら経済安全保障，国際通商秩序等の概念も用いながら，国際的な半導体産業，サプライチェーンの発展とそれを巡る米国，日本，韓国，台湾，そして中国等の主要国・地域の攻防等を論じ，その政策的インプリケーション等について述べたい。

[注]
1　本章の内容については，文責はすべて筆者個人のものであり，筆者が所属するいかなる組織の見解を示すものではない。
2　「台湾TSMC，米に半導体工場　米中覇権争いのカギ」『日本経済新聞』，2020年5月15日電子版。
3　「台湾TSMC，日本工場に8000億円　ソニー570億円出資」『日本経済新聞』，2021年11月9日電子版。
4　「先端半導体工場に補助金，改正法成立　TSMCなど対象に」『日本経済新聞』，2021年12月20日。
5　「EUの半導体支援，30年までに5.7兆円　域外依存減らす」『日本経済新聞』，2022年2月8日電子版。
6　「米国，半導体補助金法が成立　7兆円で生産・開発支援」『日本経済新聞』，2022年8月10日。
7　正式名称は，「経済施策を一体的に講ずることによる安全保障の確保の推進に関する法律」（令和四年法律第四十三号）。
8　ここで「国際通商秩序」とは，GATTやWTOを始めとする国際通商の枠組みの全体を指す。

[主要参考文献]
日本語文献
アイケンベリー，G・ジョン（2012）『リベラルな秩序か帝国か　アメリカと世界政治の行方』細谷雄一監訳，勁草書房。
赤根谷達雄（1992）『日本のガット加入問題　《レジーム理論》の分析視角による事例研究』東京大学出版会。
アリソン，グレアム（2016）『米中戦争前夜』藤原朝子訳，ダイヤモンド社。
猪俣哲史（2019）『グローバル・バリュー・チェーン　新・南北問題へのまなざし』日本経済新聞出版社。
ウォルツ，ケネス（2010）『国際政治の理論』河野勝・岡垣知子訳，勁草書房。
太田泰彦（2021）『2030 半導体の地政学』日本経済出版社。
川島富士雄（2011）「中国による補助金供与の特徴と実務的課題　―米中間紛争を素材に―」RIETI Discussion Paper Series 11-J-067.
経済産業省（2018）『通商白書』2018年版。
経済産業省（2021）「半導体・デジタル戦略」。
コヘイン，ロバート・O（1998）『覇権後の国際政治経済学』石黒馨・小林誠訳，晃洋書房。
コヘイン，ロバート・O，ジョセフ・S・ナイ（2012）『パワーと相互依存』瀧田賢治監訳／訳，ミネルヴァ書房。
鈴木一人（2021）「エコノミック・ステイトクラフトと国際社会」村山祐三編著・鈴木一人・小野純子・中野将司・土屋貴裕著『米中の経済安全保障戦略』芙蓉書房出版。
鈴木一人（2022）「検証　エコノミック・ステイトクラフト」日本国際政治学会編『国際政治』第205号。
鈴木基史（2000）『国際関係』社会科学の理論とモデル2，東京大学出版会。
田中明彦（1996）『新しい中世』講談社学術文庫。
中国WTO加盟に関する日本交渉チーム（2002）『中国のWTO加盟　交渉経緯と加盟文書の解説』蒼蒼社。
内閣官房（2021）「経済安全保障の推進に向けて」。
中野雅之（2021）「米国の輸出管理の新展開」村山祐三編著『米中の経済安全保障戦略』芙蓉書房出

版。

西脇修（2022）『米中対立下における国際通商秩序』文眞堂。

船橋洋一，G・ジョン・アイケンベリー編著（2020）『自由主義の危機　国際秩序と日本』東洋経済新報社。

山田高敬・大矢根聡編（2011）『グローバル社会の国際関係論（新版）』有斐閣。

山本吉宣（2008）『国際レジームとガバナンス』有斐閣。

渡邊頼純（2007）『国際貿易の政治的構造　GATT・WTO体制と日本』北樹出版。

英語文献

Baldwin, David A. (2020) *Economic Statecraft*, New Edition, Princeton University Press.

Bown, Chad P. (2020) "There Is Little Dignity in Trump's Trade Policy" *Foreign Affairs*.

Gilpin, Robert (1981) *War and Change in World Politics*, Cambridge: Cambridge University Press.

Gruber, Lloyd (2000) *Ruling the World: Power Politics and the Rise of Supranational Institutions*, Princeton: Princeton University Press.

Krasner, Stephen D. (1976) "State Power and the Structure of International Trade", *World Politics*, no.28.

Krasner, Stephen D. (1983) "Regimes and the limits of realism", *International Regimes*, edited by Stephen D. Krasner, Ithaca: Cornell University Press.

Levy, Philip. (2018) "Was Letting China Into the WTO a Mistake?" *Foreign Affairs*.

Lipcy, Philip Y. (2017) *Renegotiating the World Order: Institutional Change in International Relations*, Cambridge: Cambridge University Press.

Lipson, Charles. (1983) "The transformation of trade: the sources and effects of regime change", *International Regimes*, edited by Stephen D. Krasner, Ithaca, Cornell University Press.

Miller, Chris (2022) *Chip War*, Simon & Schuster Inc.

Schwab, Susan C. (2011) "After Doha, Why the Negotiations Are Doomed and What We Should Do About it." *Foreign Affairs*.

U.S. the White House (2018) Press Release, "Joint Statement of the United States and China Regarding Trade Consultations".

U.S. the White House (2021) *Building Resilient Supply Chains, Revitalizing American Manufacturing, and Fostering Broad-Based Growth*.

United States Trade Representative (2018a) *2017 Report to Congress On China's WTO Compliance*.

United States Trade Representative (2018b) *The President's 2018 Trade Policy Agenda*.

WTO (2001) *Report of the Working Party on the Accession of China*（WT/ACC/CHN/49）, Geneva: WTO.

WTO (2011) *United States – Definitive Anti-Dumping and Countervailing Duties on Certain Products from China*, Appellate Body Report, WT/DS379/R.

Wu, Mark (2016) "The "China, Inc." Challenge to Global Trade Governance", *Harvard International Law Journal*, Volume 57, Number 2.

新聞・機関誌等

『日本経済新聞』

Financial Times

（西脇　修）

第2章

国際的な半導体産業の発展と
半導体産業を巡る攻防

第1節　はじめに

　第2次世界大戦後に，米国でトランジスタが発明されたのを契機に，半導体産業は米国，そして日本，欧州，さらには韓国，台湾，中国等で発展し，国際的なサプライチェーンが形成されていく。

　本章では，第1章で取り上げた経済安全保障，国際通商秩序という視点も用いながら，第2節で，第2次世界大戦後の米国での半導体産業の誕生と発展，それに続く日本での半導体産業の発展，さらには日米半導体摩擦と日米半導体協定について論じる。第3節で，日本の半導体産業の競争力の低下と入れ替わるかのように台頭した，韓国，台湾，そして中国における半導体産業の発展について論じる。第4節で，国際的な半導体サプライチェーンの現状とその経済安全保障との関係について，近年の米国と中国との間の半導体を巡る摩擦にも言及しながら論じる。その上で，第5節で，日本にとっての経済安全保障上，産業政策上，通商政策上の政策的インプリケーションを考察する。第6節では，まとめとして，以上の議論から，経済安全保障上，国際通商秩序上，何が言えるかを述べたい[1]。

第2節　米国および日本における半導体産業の発展

1．米国における半導体産業の誕生と発展

　1947年に，半導体を構成する素子である，トランジスタが，米国のベル研究所において発明された。電気の流れをコントロールするトランジスタは，それまでの真空管を置き換え，コンピューターやラジオ等電気製品をコンパクト化し，世界を変えた。半導体技術の進展はその後も広く電気製品等を軽量，小型化，高機能化していく。半導体に関する技術進歩は続き，1958年，59年には，テキサス・インスツルメント（TI）のジャック・キルビー，フェアチャイルドのロバート・ノイスにより，集積回路（IC）が発明される。

　1960年代は，米国では軍用がユーザーとして米国の半導体産業を育てた。重くて大きな真空管から軽くて小型で高性能なICに替えることで，ロケットやミサイル，電子機器の小型化，軽量化，高性能化が可能となり，軍需・宇宙産業で広く用いられた（牧本 2021，20-21）。1960年代半ばには，米国で生産されたICの大半がアポロ計画と大陸間弾道ミサイル（ミニットマン）に使われたといわれる（牧本 2021，同上）。特に1962年に開発された米空軍の大陸間弾道ミサイルであるミニットマンⅡに，キルビーが開発したTIのICが採用され，1964年末にはTIは10万個のICをミニットマン・プログラムに納入し，1965年には，米国でのICの販売のうち20%が，同プログラムに対するもので占められたと指摘されている（Miller 2022，21-22）。

　1965年には，フェアチャイルドの研究開発トップで，後にインテルの創業者となる，ゴードン・ムーアが，集積度の進歩の速度は，「1年毎に2倍」になると予測した，「ムーアの法則」を唱える。ムーアの法則のとおり，ICの集積度は進み，1960年代の素子集積度が1000程度のLSI（Large Scale Integration），1980年代には超LSI（Very Large Scale Integration：素子集積度が10万～1000万個），1990年代には超々LSI（Ultra Large Scale Integration：素子集積度が1000万個超）へと技術革新が進んでいく[2]。

　1970年代に入ると，米国市場をリードしたのはコンピュータ分野のニー

図表 2-1　半導体の発展

年	出来事
1947 年	米国ベル研究所で点接触型トランジスタを発明
1955 年	ソニーがトランジスタ・ラジオを発売
1958 年	集積回路の発明（テキサス・インスツルメント社のキルビー氏）
1965 年	ムーアの法則の提唱
1966 年	シャープが IC 電卓を発表
1971 年	インテルが 4 ビットマイクロプロセッサを開発
1973 年	TI が 4K ビットの DRAM を開発
1977 年	アップルが世界初の PC「Apple Ⅱ」を発売

出所：各種資料より筆者作成

ズであった。IBM を始めとする米国のコンピューター産業のニーズが，半導体にとっての巨大な市場を形成していく（牧本 2021, 94）。1971 年には，インテルがマイクロプロセッサ（MPU）を発明し，MPU はパソコンに使用されるようになっていく（牧本 2021, 138-142）。また，1973 年には，TI が，トランジスタ 1 個とキャパシタ 1 個を組み合わせた，コンピューターのデータの読み出しや書き込みの両方が随時できる半導体記憶装置である，4K ビットの DRAM（Dynamic Random Access Memory）を開発し，従来の磁気メモリから置き換わっていく（高乗 2022, 86）。

2. 日本の半導体産業の発展と日米半導体協定

　日本の半導体産業は，米国からのトランジスタ技術の導入により始まる。東芝，日立は RCA と技術契約を結び，ソニーはウエスタン・エレクトリック（WE）と技術契約を結ぶ（牧本 2021, 154-156）。トランジスタの生産については，1955 年にソニーが，世界初のトランジスタ・ラジオである，TR55 を発売し，そのためのトランジスタを自ら生産した（牧本 2021, 92-94）。コンシューマー製品への半導体応用の先駆となった。ラジオという民生用途を開発した日本の半導体産業は，1959 年には米国を抜き，世界最大のトランジスタ生産国になる（吉田 2008, 41）。

　米国では，当初，軍需が半導体産業の発展を後押ししたのに対して，日本では，1960年にソニーが世界で初めてトランジスタ式テレビを発売するなど，当初から，民生電子分野が半導体需要の中心となった。特に，1960年代後半からは，ICが電卓に採用され，1970年代前半には，日本のIC需要の3〜5割程度を電卓が占めていた（吉田 2008, 45）。

　1970年代に入り，コンピューターの記憶装置が磁気メモリーから半導体メモリーへと転換していく中，コンピューター分野の半導体需要を，米国，日本の半導体メーカーは有望として力を入れていく。その結果，最先端の半導体メモリー分野で，日米の半導体メーカーは競合していくことになる。そして特に，メモリーの世代が16キロビットから64キロビット（64K DRAM）に移行する過程で，世界市場における日本企業のシェアは，米国企業を上回っていく。まず，16K DRAMに関し，1977年には米国市場において，インテルら米国企業が71％のシェアを有し，日本企業は29％であったのに対して，1979年には，米国企業が57.6％にシェアを低下させ，日本企業のシェアは42.4％に上昇する（通商産業省通商産業政策史編纂委員会 1993, 516-521）。さらに，1981年には，64K DRAMの世界市場で，日本企業は約7割のシェアを占め，米国企業は約3割へと縮小し，日本の半導体産業は，米国の半導体産業を急速に凌駕していく。メモリーを含む半導体集積回路全体でみると，1975年に1,047億円だった日本の生産額は，1980年には5,156億円と，5年間で5倍に成長した（通商産業省通商産業政策史編纂委員会 1993, 同上）。最先端技術分野であった16Kビットおよび64KビットDRAMにおいて競争となり，日本企業が米国企業を凌駕していったことが，従来の繊維，カラーテレビ，鉄鋼，

図表2-2　世界の半導体メーカーの売上高トップ5社の変遷①

順位	1971年	1981年	1989年
1	TI（米）	TI（米）	NEC（日）
2	モトローラ（米）	モトローラ（米）	東芝（日）
3	フェアチャイルド（米）	NEC（日）	日立（日）
4	IR（米）	フィリップス（欧）	モトローラ（米）
5	NS（米）	日立（日）	TI（米）

出所：ガートナー・データクエスト社

自動車等の日米通商問題と比べても，新しかった点といえる（通商産業省通商
産業政策史編纂委員会 1993, 同上）。

　日本企業にとっては，通信機器と大型コンピューターという安定した需要が
あったのも競争力を向上させていく上で大きかった（山田 2021）。日本の国内
市場は，世界最大となり（1986 年時点で世界の半導体市場の約 4 割），日本企
業はそこで 9 割以上のシェアを占めた（牧本 2021, 170）。

　日本の飛躍的発展の基礎には，1976 年に始まった，通産省による超 LSI
（Very Large Scale Integration）開発推進プロジェクトの下に結成された，超
LSI 技術研究組合における超 LSI 量産技術の安定的確立もあったと指摘されて
いる（井上 1999, 4）。超 LSI 技術研究組合では，工業技術院電子技術総合研
究所と富士通，三菱電機，東芝，日立，NEC が共同研究を行う場が提供され，
その結果，超 LSI 製造装置と超 LSI の素材としてのウエハーの生産技術が確
立される（鷲尾 2014, 167）。

　また，米国企業が後工程と呼ばれる組み立て工程を東南アジアに移転したこ
とも，短期的なコスト優位には資したが，製品欠陥率等品質管理で問題を生ん
だと指摘されている。1961 年に初めて，フェアチャイルドが，後工程を香港
にアウトソースし，以降，1970 年代にかけて，米半導体企業によるアウトソー
スが進んだ（Bown 2020b, 5）。

　このような日本の半導体産業の急速な発展を受け，米国は強く反応する。
1977 年にインテル，フェアチャイルド，ナショナル・セミコンダクター，モ
トローラ，AMD 等により，米国の半導体業界団体として，米国半導体工業
会（SIA）が設立された（Bown 2020b, 7）。メディアにおいても多くの報道
がなされ，例えば 1978 年 2 月 27 日号の『フォーチューン』誌は，「シリコン
バレーの日本人スパイ」という特集記事を掲載する等，対日批判が強まった
（通商産業省通商産業政策史編纂委員会 1993, 516-521）。SIA の働きかけによ
り，米国政府が動き，1982 年から 1983 年にかけて，日米ハイテク作業部会
（Japan-US Work Group on High Technology）が設置，開催された（伊藤＋
伊藤研究室 2000, 169）。1983 年 11 月には提言が採択されて，半導体輸入に関
する日米の完全な関税の撤廃，改善されたデータ収集システムの確立，投資規
制の撤廃，米国企業の日本市場へのアクセス改善等が盛り込まれた。作業部会

の進展と景気の回復により，SIAは，1974年通商法301条に基づく提訴を見送っている（伊藤＋伊藤研究室 2000，同上）。

しかしながら，1985年に半導体産業が不況に入ると，米国ではマイクロンとTIの2社を除き，DRAM生産から撤退する。日本の急成長に対する危機感が米国内で高まり，日米半導体摩擦へと発展する。1985年6月には，SIAが通商法301条による日本政府の提訴に踏み切った。SIAが米国政府に求めたのは，対日市場参入の拡大と，日本企業によるダンピング輸出の防止であった。提訴を受けて，同年8月から日米両国の政府間協議が始まり，1986年5月の渡辺美智雄通産相とクレイトン・ヤイターUSTR代表の会談により大筋が合意され，9月にはヤイター代表と松永信雄駐米日本大使を代表者として，日米半導体協定が締結される（通商産業政策史編纂委員会 2013, 125）。内容としては，主に2点で，1点目は，DRAM等の価格について，最低価格制度（Fair Market Value:FMV）を設け，日本企業は下回る価格での販売を禁じられることとなった。2点目は，付属文書で，「日本国政府は，合衆国の半導体業界が，5年以内に日本国市場における外国系半導体のシェアが20％を超えることを期待していることを認識する。日本国政府は，この期待は実現されうると考え，その実現を歓迎する」との規定が設けられ，日本の半導体市場における海外製品の割合を20％以上に引き上げるとの数値目標を日本側が承認したと米国側で受け止められた（通商産業政策史編纂委員会 2013，同上）。

協定締結から2カ月しか経たない同年11月には，SIAが日本メーカーは第三国向け製品で，協定違反のダンピングをしていると米国政府に対日制裁を要求し始める（鷲尾 2014, 188-191）。1987年3月19日には米上院本会議で，同月25日には下院本会議で，ロナルド・レーガン大統領に対日制裁を求める決議が採択された（鷲尾 2014，同上）。これらを受けて，同月26日には，レーガン政権は経済政策閣僚会議を開催し，通商法301条に基づく報復関税の制裁が，日本からの輸入3億ドル分に対して，100％かけられることが決定された。そして同年4月17日には，パソコン，カラーテレビ，電動工具の3製品を対象にすることが発表され，制裁が発動される（鷲尾 2014，同上）。翌月，中曽根康弘首相とレーガン大統領との間の日米首脳会談において，日本は制裁解除を米側に求めるが，会談はこの点については物別れに終わる（牧本 2021，

172)。

　また，米国では，日米半導体協定の締結，実施と並行して，競争力回復の取組も始まる。多くの米国企業の DRAM 事業からの撤退という事態を受けて，国防総省は危機感を持ち，国防科学審議会による，『半導体の対外依存に関する報告書』（1987 年）で，半導体技術における米国の立ち後れを強調し，軍事力の技術的優位性を保つため，早急に取組を行うべきとの勧告を行った（井上 1999, 8）。この動きを，SIA も支持し，政府と民間の協力により，SEMATECH を設立し，国防総省の国防高等研究計画局（DARPA）から年間 1 億ドルの支援も受けて，半導体に共通の製造技術の開発に取り組み，競争力回復に注力する。その結果，第 1 次 5 カ年計画が終了する 1992 年までに，米国に世界最先端の半導体微細加工装置技術をもたらしたと指摘されている（井上 1999, 23）。

　日米半導体協定を経て，日本の半導体メーカーの DRAM 事業は影響を受け，世界シェアは，1986 年の約 80％から，1996 年の約 40％へと降下する（牧本 2021, 177）。米国のシェア低下の動きは止まり，韓国，欧州の企業がシェアを伸ばしていく。日本メーカーが FMV を守る必要があったのに対して，協定対象外のサムスン電子等，韓国企業は守る必要がなく，DRAM 専業で急成長していった。

3. 日本の半導体産業の競争力の低下

　日米半導体協定は，日本企業に影響を与え，特に DRAM 事業には大きな影響を与えた。1992 年には，半導体の企業ランキングでインテルが NEC から首位を奪い，世界市場の 9 割を日本製が占めたと言われた DRAM でも 1992 年には東芝がサムスン電子に首位を奪われる。日本の総合電機各社は，DRAM 事業を切り離すか撤退する方向に舵を切った。日立と NEC（後に三菱電機も）の DRAM 部門を統合したエルピーダが，1999 年に誕生する一方で，その他のメーカーは DRAM 事業から撤退した。

　しかしながら，その後の日本の半導体産業の世界市場シェアの右肩下がりの低下は，より根本的な要因があると指摘されている（牧本 2021, 183）。産業

図表2-3　世界の半導体メーカーの売上高トップ5社の変遷②

順位	1991 年	1992 年	2001 年	2005 年
1	NEC（日）	インテル（米）	インテル（米）	インテル（米）
2	東芝（日）	NEC（日）	東芝（日）	サムスン（韓）
3	インテル（米）	東芝（日）	ST（欧）	TI（米）
4	モトローラ（米）	モトローラ（米）	サムスン(韓)	東芝（日）
5	日立（日）	日立（日）	TI（米）	ST（欧）

出所：ガートナー・データクエスト社

　構造の大きな転換があり，民生品が中心となるアナログの時代から，パソコン，スマホが半導体需要の中心となるデジタルの時代へと転換した。

　日本の半導体は，DRAM やフラッシュを用いた汎用品で，1980 年代に世界の市場を制覇した。これが 1990 年代後半から，世界市場の中心がデジタルコンシューマーになると共に，メモリーに加えて，ロジック半導体が，ニーズの中核になった。その結果，設計やデファクト標準化の重要性が増し，設計はファブレス，製造はファウンドリーが請け負う分業型，水平統合型に，産業構造が変わった。そうした中，日本の半導体企業は，日米半導体協定下において，DRAM の価格が高値安定になったこともあり，DRAM に依存し，ロジック半導体という流れに乗っていけなかった（藤田 2000, 47-60）。また，ロジック半導体の中でも，ファブレスによる優れた ASSP（特定用途の標準 LSI）が市場の主流となり，日本が得意とする ASIC（顧客専用半導体）で勝負することが難しくなっていった[3]。日本の半導体産業は，世界の需要を取り込めず，また，需要者であった日本のエレクトロニクス産業は，スマホに代表されるように，世界の需要の流れに乗れなかった。

　投資ファンドの果たす役割も重要であったと指摘される（山田 2021）。米国では合理的にファブレスとファウンドリーに分けられたように見えるが，それを進める鍵となる一定の役割を果たしたのは，投資ファンドだったと考えられる（山田 2021）。日本企業には当時，資本，投資を通じた，事業の構築，再構築という概念がなかった（山田 2021）。

4. 小括

　米国で誕生した半導体技術と半導体産業は，その後，日本でも大きく発展した。特に，1970 年代頃の汎用コンピューター産業の成長は，最先端技術であり，高品質な DRAM に対する大きな需要を創出し，最先端技術で高品質な DRAM を生産することができた日本の半導体企業は，米国企業との対比で大きく生産とシェアを伸ばす。DRAM に象徴される半導体産業での日本企業の急速な成長と技術優位性の確保は，半導体産業の経済や安全保障における重要性や，そして日本経済全体の急速な発展，他分野での日本の競争力の急速な伸長と相まって，日米共に加盟していた GATT に体現される自由貿易を内容とする国際通商秩序にとって，その前提としていた，パワー分布の急速な変化と言いうるものであった。日本の名目 GDP は 1970 年には米国の約 19.8％であったのが，1980 年には米国の約 38.7％と概ね 2 倍の割合となり，急速に米国に近づき始める[4]。1990 年には約 52.5％と半分を超え，ピーク時の 1995 年には，約 72.6％と米国に迫っていった。これは 2020 年時点での，中国の GDP の対米比である約 70.5％よりも大きい。また，自動車や工作機械等の他産業においても日本の競争力は米国に急速に迫り，凌駕していく。

　これらのことは，日本政府による超 LSI 組合の立ち上げ支援等の産業政策と相まって，米国政府，産業界に対して，米国経済の優位性，技術優位性に関し，強い危機感を与える。ヴァングラステックは，1980 年代前半の米国の雰囲気について，「米国社会は，日本が技術的，経済的なリーダーとして米国を取って代わっていくという懸念に広くとらわれていた」と指摘する（Vangrasstek 2019, 204）。その結果，日米半導体摩擦へとつながり，米国は 1974 年通商法 301 条を用いて，日本政府と交渉し，日米半導体協定が締結される。通商法 301 条は，運用の仕方によっては GATT 違反となりうるも

図表 2-4　日本の名目 GDP の対米比率（US ドルベースでの比較）

年	1970 年	1975 年	1980 年	1985 年	1990 年	1995 年
比率	19.8%	31.0%	38.7%	32.2%	52.5%	72.6%

出所：The United Nations, *National Accounts - Analysis of Main Aggregates*

ので，米国政府も成立後長らく使ってこなかった（通商産業政策史編纂委員
会 2013, 66-67）。しかしながら，日本との貿易赤字問題が深刻化し，貿易赤
字が 1000 億ドルを超えた 1985 年以降，米議会からはその行使を求める声が高
まった（通商産業政策史編纂委員会 2013, 66-69）。また，当時のレーガン政
権においても，1985 年に「新通商政策」を打ち出し，通商法 301 条を活用し，
諸外国の不公正な貿易に断固対抗していくことを宣言し，通商法 301 条を武器
とするユニラテラリズム（GATT の手続によらず，米国独自の判断で貿易相
手国の制度を不当とし，交渉がまとまらない場合，一方的に報復措置を採る政
策）に傾斜していく（通商産業政策史編纂委員会 2013, 66-67）。そしてその
結果として合意された日米半導体協定は，FMV や市場シェア等を盛り込み，
米国は，これまでの GATT に具現化された自由貿易を基調とする国際通商秩
序の機能を一部停止させていくのである。日本というパワーの急速な台頭を受
けて，GATT というレジームの機能をリバランスし，秩序の再編，再構築に
向かう動きの一部であると指摘できる[5]。

　日米半導体摩擦は，このように国際通商秩序，経済安全保障の問題であった
が，それと共に，需要の変化という産業政策の問題でもあったとも言える。汎
用パソコンから PC，スマホへと大きく半導体需要が変化していく中，どうい
う強さを持った主体が，どういう需要を取り込めるか，という問題であった。

第 3 節　韓国，台湾，中国の半導体産業の発展

1. 韓国半導体産業の発展

　日米半導体協定に日本企業が拘束されている間に，サムスン電子等，韓国
の半導体メーカーが急成長していく。サムスン電子は，1983 年に，マイクロ
ンから技術供与を受けて，DRAM 生産を始める（Bown 2020b, 10）。日米半
導体協定が始まった 1986 年から DRAM 生産が立ち上がり，1992 年にはサム
スン電子が，東芝，NEC を抜き，13.5％の世界シェアを確保して，世界トッ
プに立ち（吉岡 2010, 40-41），協定が終了する 1996 年には，DRAM の世界

市場シェア約40％で日本と並ぶ。サムスン電子等の韓国の半導体メーカーの急成長の理由はいくつか指摘されている。1点目は，1986年当初は，日米半導体協定が実施される中，米国国内で米系コンピューター企業へのDRAMの安定供給という問題が最大の隘路になっていて，韓国企業は日本製DRAMの代替供給源としての役割があった，というものである（吉岡 2010, 32-33）。2点目は，1980年代半ばまでは，米国のコンピューター出荷構成の多くは汎用コンピューターだったのが，1980年代後半，特に1988年以降，パソコン（PC）の出荷が急増し，市場の構造が変わっていったというものである（吉岡 2010, 62-63）。サムスン電子等の韓国の半導体メーカーは，価格競争力を武器に，米国での成長市場だった個人用PC向け需要を取り込んでいった。DRAMについて，日本メーカーは，汎用コンピューター用途を念頭に，品質を上げようとしたが，韓国メーカーは，過度な高性能を求めるよりも価格を抑える戦略をとり，更新の早い個人用PC向け需要というニーズに合致した（前田 2021）。日本市場においても，1993年を境にPCの生産額が汎用コンピューターの生産額を超え，サムスン電子は日本市場に参入してくる（吉岡 2010, 65-66）。

　1996年に，日米半導体協定は終了するが，メモリー分野は世界的な不況に見舞われる。そうした中，サムスンは，李健熙社長（当時）の下，増産投資を行ったと指摘されている（吉岡 2010, 65-66）。その結果，1998年には，世界シェアで日本を抜く。半導体は，韓国の主要輸出品目へと成長していく。1985年には，韓国の総輸出に占める半導体の比率は，1985年には3.2％だったのが，1995年には14.1％，2000年には15.1％と，最大の輸出品目へとなっていく（吉岡 2010, 5-6）。DRAM市場において，サムスン電子は，1992年に世界シェア13.5％で，世界トップに立った後は，1996年には18.0％，2000年には20.9％，2004年には30.9％，2008年には30.9％と，世界トップを維持し続ける（吉岡 2010, 40-41）。また，技術面でも，DRAMの集積度を基準にすれば，サムスン電子は16Mビット世代の量産で，日本企業に追いつき，1G世代（1990年代後半）以降，次世代製品開発において先頭を走るようになった（吉岡 2010, 9-10）。

2. 台湾半導体産業の発展

　台湾の半導体産業については，政府系の研究機関である工業技術研究院（ITRI）が中心となって行われた技術開発プロジェクトを母体として，1980年代に，聯華電子（UMC）や台湾積体電路（TSMC）が創業した。

　サムスン電子等の財閥系韓国企業との激しい競争となったメモリー半導体分野では，台湾企業は資金力，技術力で劣り，撤退するが，ロジック半導体分野では，米国における半導体設計専業企業（ファブレス）の成長と時を同じくして，TSMCやUMC等のファウンドリービジネスが拡大していく。これは，冷戦終結（1989年）後，WTOの設立（1995年），ITA（情報技術協定）締結（1997年）や，中国，そして台湾のWTO加盟（2001年）等，国際社会が安定的なグローバリゼーションに入っていくのと軌を一にする。米国におけるファブレス，台湾におけるファウンドリー，中国における電子産業の発展に伴う半導体需要の急成長といった国際分業が成立していくのである。

　中でもTSMCは，ファウンドリー事業専業で成長し，2000年頃までに微細化で米国，日本の企業へのキャッチアップを果たし，2000年代に入ると，優れた製造能力に加え，顧客サービスを拡充し，アップル，クアルコム，NVIDIA等の米国企業が主要顧客となると共に，急成長した中国のファーウェイも傘下のファブレス企業であるハイシリコンを通じて，主要顧客となっていった（川上 2020, 131-139）。川上の指摘する，米中という「2つの磁場」のもとで，ファウンドリーとして圧倒的な地位を確立していくのである（川上 2020, 同上）。例えば，2013年12月時点で，世界の半導体生産能力におけるTSMCのシェアは10.0％と，ファウンドリー専業の中では，UMC（台）の3.5％，グローバル・ファウンドリーズ（米）の3.3％を圧倒し，半導体メーカー全体の中でも，サムスン電子の12.6％に次ぐ2位を占めた[6]。また，ファウンドリも含む台湾半導体の世界シェアについても，2005年には15％程度だったのが，2015年には20％を超え，2020年には25％程度まで拡大した[7]。

3. 中国半導体産業の発展

　中国については，改革開放，2001 年の WTO 加盟，ITA 参加を経て，テレビ等の民生機器や，パソコン，スマホ等多くの電子機器生産の世界的な中心となり，2005 年には早くも世界最大の半導体需要国となり，2017 年には世界の半導体需要の約半分を占めるようになった（Bown 2020b, 14）。それに伴い，1995 年には，世界の半導体の輸入の 1％しか占めていなかったのが，2019 年には 23％を占めるようになった（Bown 2020b, 15）。

　このように半導体の需要が増えると共に，2000 年には上海市の支援を得て，中芯国際集成電路製造有限公司（SMIC）が設立される等，半導体の生産も始まり，TSMC，インテル，SK ハイニクス，サムスン等の外資も進出した（Bown 2020b, 15）。中国の半導体生産能力は，2001 年には，世界全体の 1.5％だったのが，2005 年には 7.3％，2010 年には 10.5％，2015 年には 12.7％と成長していく（PwC 2017）。

　他方で，中国における半導体需要の急速な増加に，生産の増加が見合っておらず，自給率が低いこと等を受けて，中国政府は，2015 年に「中国製造 2025」で指定した，重要戦略産業 10 分野の 1 つとして半導体を挙げ，巨額の基金を用いて，半導体産業支援に取り組んだ。集積回路産業への支援を目的として，2014 年 9 月に設立された，産業投資基金である国家集積回路産業発展投資基金の規模は 1,387 億元（206 億ドル）とされ，中国企業への投資実績額は政府補助金の規模を上回る（経済産業省 2018, 180）。さらに地方政府においても集積回路産業への資金支援を目的とした基金が数多く設立され，その予算規模総計は 2017 年時点で約 3,330 億元（494 億ドル）に上った（経済産業省 2018, 180）。また，国家基金の方は，2019 年には第 2 期が用意され，第 1 期を上回る 2,000 億元規模とされる[8]。

　このような支援策の下で，ファーウェイの半導体開発を担うファブレスとして設立されたハイシリコンや，ファウンドリーとして SMIC 等が成長していく。ハイシリコンの売上は，2012 年には約 10 億ドルだったのが，2018 年には 50 億ドルを超え，5 倍以上に成長した（山田 2020, 109）。また，SMIC も，2019 年 7-9 月期には，ファウンドリーの世界シェア 4.4％と，世界第 5 位を占

めた（山田 2020, 109）。中国政府は，このような支援策の活用も念頭に，「中国製造 2025」では，2020 年の半導体自給率目標を 40％としたが，実績は15.9％に留まった[9]。理由としては 3 点ほど考えられる。1 点目は，中国では，2001 年の WTO 加盟時に ITA への参加も受け入れた結果，自動車と異なり，半導体の一部も含む電気電子製品の関税撤廃を約束したこと等により，電気電子産業の GVC に中国も連なることとなり，半導体については当初から，中国国内生産ではなく，輸入が大きな役割を果たしてきたことが指摘できる。中国にとって GVC の中で半導体については輸入する構造になっていたのを急に変えるのは容易ではなかったと言える。2 点目は，2020 年 10 月 20 日の記者会見で国家発展改革委員会が「経験も技術も人材も欠いた「三無」企業が半導体産業に参入，一部の地方が闇雲にプロジェクトを立ち上げた結果，建設途中で計画が行き詰まる」等と批判したように[10]，事業の担い手が十分におらず，急拡大ができていないことが考えられる。3 点目は，後に詳述するが，2018 年以降強化される，米国による，対中国での半導体製造装置関連の輸出規制の影響が考えられる。

4.　小括

　前節では，日本経済の急速な発展と，日本の半導体産業の急速な発展により，GATT に具現化された自由貿易を基調とする国際通商秩序が機能する前提としていた，パワーバランスが急速に変化し，これに対して米国が強く反応した結果，日米半導体摩擦が起き，従来の自由貿易を基調とする GATT による国際通商秩序が一部その機能を停止する形で，日米半導体協定が締結されたことについて言及した。

　では本節で見た，韓国，台湾における半導体産業の急速な発展は，パワーバランスの急速な変化と国際通商秩序の機能の一部停止や再編へとつながらなかったのだろうか。韓国，台湾の半導体産業の急成長を受けて，確かに米国と韓国，米国と台湾の間でも，半導体を巡る貿易摩擦は起きた。米国のマイクロン社が，1992 年には韓国のサムスン電子を，1997 年には台湾の UMC 等を，対米輸出でダンピングをしているとして，アンチダンピングで米政府に提訴し

ている。しかしながら，アンチダンピングは，セーフガード同様，GATTやWTOで認められた，貿易救済措置であり，GATT・WTOといった従来の国際通商秩序の中での対応であったと言える。最低価格制度（FMV）や市場シェア等が定められた日米半導体協定とは比較できない。

では，何故，米韓，米台間の摩擦は，国際通商秩序の通常の機能での対応の範囲内に留まったのだろうか。3点ほど指摘したい。1点目は，全体の経済規模で，米国に迫ろうとしていた日本と異なり，韓国も台湾も全体の経済規模としては，米国に近づくものではなかったことが挙げられる。日本の名目GDPは前述のとおり，ピーク時の1995年には，約72.6％と米国に迫った。これに対して，韓国の名目GDPは2000年時点で米国の名目GDPの約5.6％，2010年時点で約7.6％に留まり，台湾も2000年時点で約3.2％，2010年時点で約3.0％に留まった[11]。2点目は，DRAM，メモリーが中心の時代から，産業構造が変わり，ロジック半導体の重要性も増していった中，韓国，そして台湾も当初はメモリー中心で，ロジック半導体では米国がファブレスを中心に優位性を保っていたことが挙げられる。3点目は，特に台湾において，半導体産業の中心となっていったファウンドリーは，ロジック半導体生産における国際分業の一部として，むしろ米国の半導体産業を補完する役割であったことが挙げられる。

全体として，米国の優位性を脅かすような存在にはならなかったと言える。

では中国の半導体産業の台頭についてはどうだろうか。この点については次節第2項で論じたい。

第4節　国際的な半導体サプライチェーンの現状と経済安全保障

本節では，第1項で，世界の半導体産業とサプライチェーンの現状がどうなっているかについて数字等を基に概観し，第2項で経済安全保障の観点，特に第1章で論じた「攻め」と「守り」の2つの観点から，世界の半導体産業とサプライチェーンを巡り何が起きているかについて，中国の急速な台頭と米国の対応を中心に論じる。

1.　世界の半導体産業の現状

　世界の半導体関連産業の市場規模は，2019 年の数字で，半導体の設計・製造（半導体デバイス）が約 53 兆円，半導体製造装置が約 9 兆円，半導体材料は約 6 兆円となっている（経済産業省 2021）。半導体デバイス市場が，製造装置市場や材料市場よりもかなり大きいのが分かる。

　半導体デバイス市場の売上（本社のある国別シェア）については，2021 年において，米国が世界シェアの 54％，韓国が 22％，台湾が 9％，欧州が 6％，日本が 6％，中国が 4％となっている[12]。これを生産能力で見ると，2019 年で，台湾 20％，韓国 19％，日本 17％，中国 16％，米国 13％，欧州 8％の順となっている（The White House 2021, 39）。米国企業が，海外で生産し，日本，台湾，中国等がその受け皿になっている，ファブレスとファウンドリーの関係を含む国際分業が見て取れる。

図表 2-5　国別の売上（2021 年）と生産能力（2019 年）の対比（世界シェアベース）

国・地域	米国	日本	欧州	韓国	台湾	中国
売上	54％	6％	6％	22％	9％	4％
生産	13％	17％	8％	19％	20％	16％

出典：The White House, *Building Resilient Supply Chains, Revitalizing American Manufacturing, and Fostering Broad-Based Growth*, June 2021

　特に，5G 通信等に使う 10 ナノ以下の先端ロジック半導体については，生産能力は，台湾が 92％を占め，集中している。また，産業用，軍事用に幅広く使われる，先端でないロジック半導体やメモリーについては，例えば生産量の多くを占める 45 ナノ以上のロジック半導体については，台湾 31％，中国 23％，韓国 10％とこれら 3 カ国で 6 割を超え，メモリーについても，韓国 44％，中国 14％，台湾 11％と，同様に 3 カ国で 6 割を超えている（The White House 2021, 39）。

　また，半導体サプライチェーン全体の中では，半導体製造装置については，2019 年時点で全体としては，米国が世界シェアの 41.7％，日本が 31.1％，オランダが 18.8％を占めており（The White House 2021, 39），先進国企業が中

心になっているのが見てとれる。個社の売上では，2019 年で米国のアプライ
ド・マテリアルが 1 位，オランダの ASML が 2 位，日本の東京エレクトロン
が 3 位を占める（牧本 2021, 50）。トップのアプライド・マテリアルは，ウェ
ハー工程（前工程）のほとんどすべてをカバーする装置等を扱っている。2 位
の ASML は，半導体露光装置メーカーで，特に最先端の微細加工（7 ナノメー
トル以下）に使う EUV（極端紫外線）の装置を供給できる唯一のメーカーで
ある（牧本 2021, 50）。

　材料市場は日本企業が多くの工程において高いシェアを占めている。シリコ
ンウエハでは，信越化学，SUMCO 等日本企業が 56％のシェアを占め，フォ
トレジストでは JSR，東京応化工業等日本企業が 83％のシェアを占めている
（NEDO TSC 2021）。

　また，半導体の最終用途市場として大きいのは，世界では，2019 年におい
て，情報通信機器，特にスマホ（26％），データセンター等（24％）であり，
この他，PC（19％），産業機器（12％），コンシューマー・エレクトロニクス
（10％），自動車（10％）となっている（BCG, SIA 2021）。国内では，自動車，
産業機器である。また，市場として国・地域別では，2019 年には，中国が
35％，米国が 19％，台湾が 15％，韓国が 12％，日本が 9％，欧州が 10％と
なっている（BCG, SIA 2021）。

　以上を通して見ると，半導体サプライチェーンにおいて，① ファブレスと
ファウンドリーの国際分業，② デバイス産業と装置産業，材料産業の国際分
業，③ 半導体生産者と需要者の間の国際分業といった，主に 3 つの国際分業
の軸が存在しているのが見てとれる。

2. 国際的な半導体サプライチェーンの現状と経済安全保障

　経済安全保障の観点から，半導体サプライチェーンを巡る現状を見るとどう
か。米国の動きを中心に，第 1 章で論じた，経済安全保障の「攻め」（技術優
位性の確保）と「守り」（脆弱性の克服）の 2 つの視点と，新たなパワーの台
頭と国際通商秩序という観点を用いながら考察する。

(1)「攻め」(技術優位性の確保) の視点

　まず技術優位性の確保については，米国は，2018 年以降，半導体分野におい
て，対中国での非常に強力な輸出規制強化に取り組むことで，技術優位の確
保，維持を図った。

　米国は，2001 年の中国の WTO 加盟以降の安定したグローバリゼーション，
国際通商秩序の時期においては，中国も含めた半導体サプライチェーンにおけ
る国際分業体制の発展を許容してきた。1997 年に WTO で締結され，中国も
2001 年の WTO 加盟時に参加した，IT 製品に関する関税撤廃を定めた ITA
(情報技術協定) や，2015 年にその対象製品の拡大に合意した ITA2 は，その
証左である (西脇 2022, 54-65)。ITA 等の枠組みの下で，半導体サプライ
チェーンにおいては，前述の 3 つの軸からなる国際分業が進展し，それを米国
の産業界も米国政府も ITA2 交渉に見られたように支持した。

　しかしながら，半導体分野を含む中国の急速な経済成長と，半導体分野を
含む「中国製造 2025」等の政策は，米国にとって，米国の優位性への挑戦と
受け止めたと考えられる。中国の経済規模 (名目 GDP) は，2000 年には米国
の約 11.8％だったのが，2010 年には約 40.6％，2015 年には約 60.8％，2020 年
には約 70.5％と，米国の経済規模に急速に接近していく[13]。技術優位性に関し
ても，例えば，研究開発費について，2020 年には中国は米国に接近し，国際
特許出願数等の指標において，米国を凌駕していく。そして半導体の生産能
力においても，問題点は指摘されているものの，中国は，2001 年には世界全
体の約 1.5％だったのが，2019 年には約 16％と成長していく。また技術面で
も，ファウンドリーとしての SMIC は，先端をいく台湾の TSMC 等との間で
引き続きギャップがあるが，ファブレスとしてのハイシリコンは，7 ナノのロ
ジック半導体を設計する等，微細回路の設計能力でアップル等に追いつこう
としている等，ギャップを縮めている (山田 2020, 106-110)。そして，前述
のとおり，半導体産業への支援を目的とした産業投資基金が，2017 年時点で，
国，地方政府合わせて，約 700 億ドル程度用意される。その上で，「中国製造
2025」では，2020 年の半導体自給率 40％，2025 年 70％と高い目標が設定され
た。

　このような中国のパワーの急速な台頭と政策に対して，米国は，米国の優位

性への挑戦と受け止める。例えば，2018年10月，ペンス副大統領は，ハドソン研究所での講演で，「現在，共産党は，中国製造2025を通じて，ロボット工学，バイオテクノロジー，人工知能など世界の最先端産業の90％を支配することを目指している。中国政府は，21世紀の経済の圧倒的なシェアを占めるために，官僚や企業に対し，米国の経済的リーダーシップの基礎である知的財産を，あらゆる必要な手段を用いて取得するよう指示してきた」と述べている[14]。

　中国の挑戦と受け止めた米国は，以降，WTOに具現化された自由貿易を基調とした国際通商秩序の機能を一部止め，秩序の再構築に取り組み始めたと指摘できる。グローバリゼーション下，TSMCに象徴される台湾の半導体産業は，米国，中国の両方から半導体生産を受託し製造していた。しかしながら，米国は，2019年5月に，ファーウェイをエンティティリストに入れ，米国からの輸出規制，再輸出規制の対象とすると共に，再輸出が抜け穴にならないように，2020年5月には，ファーウェイとその関連会社の設計等の技術に基づき，米国原産の機器等を利用して，開発・生産した品目をファーウェイ等に供給すること等を禁止し，ファーウェイ傘下のハイシリコンが，TSMCに生産委託した半導体を，TSMCがファーウェイ等に輸出，供給していくことを規制した（中野 2021, 130）。これにより，グローバリゼーションの中での国際分業下，成長した，TSMCからファーウェイへの輸出を事実上禁止する。またファーウェイがTSMCの代わりに半導体の調達先とした，中国のSMICに対しても米国製等の半導体製造装置の輸出を規制した。TSMCを通じて，または直接，米国等の半導体製造装置の利用等を通じた技術移転が起きることを封じたと言える。

　米国はまた，2022年8月9日に，CHIPS・科学法を成立させ，半導体の米国内での生産や研究開発に，527億ドル（約7兆1千億円）の補助金を投じることとすると共に，補助金を受け取る企業に対して，中国において先端半導体の生産投資を行うことを禁じた[15]。サムスン電子やインテル，UMC等が中国で稼働させる半導体工場が，「国内の半導体産業を発展させたい中国にとって知的財産，人材，資源の優れた供給源となっていた」という指摘[16]に対応したものであると言える。

　以上，米国は，中国の急速な台頭を受けて，中国の WTO 加盟以降の自由貿易，グローバリゼーション，国際分業を基調とした国際通商秩序の機能を一部止め，非常に強力な輸出管理，投資管理を導入することにより，国際通商秩序の再編，再構築に取り組み，技術優位性の確保という視点での経済安全保障に取り組むのである。

(2)「守り」（脆弱性の克服）の視点

　「守り」（脆弱性の克服）の観点で見ると，米国にとっての半導体サプライチェーンのリスクとして，米国が先端半導体の売り上げシェアは高いものの，生産能力は高くなく，特に先端半導体の生産能力が台湾に集中していることが挙げられる。米国の半導体メーカーは，売上では世界市場の約50％を占めるものの，米国における半導体の生産能力の世界に占める割合は，1990年の37％から，2019年には12％に低下した（The White House 2021, 36-37.）。生産能力については，2019年で，台湾20％，韓国19％，日本17％，中国16％，米国13％，欧州8％の順となっている。

　特に，5G 通信等に使う10ナノ以下の先端ロジック半導体については，生産能力は，台湾が92％を占め，集中している。また，産業用，軍事用に幅広く使われる，先端でないロジック半導体やメモリーについても，例えば多くを占める45ナノ以上のロジック半導体については，台湾31％，中国23％，韓国10％とこれら3カ国で6割を超え，メモリーについても，韓国44％，中国14％，台湾11％と，同様に3カ国で6割を超えており，依存が指摘されている（The White House 2021, 39）。冷静終結以降，約30年間続いた，安定したグローバリゼーションの時代には，このような国際分業モデルのリスクは顕在化せず，メリットが享受されてきたが，米中間の地政学的な緊張が高まると，特定の地域への生産能力の集中は，リスクになり得る。

　このような状況を受けて，米国は，前述のとおり，本年8月に，CHIPS・科学法を成立させ，半導体の米国内での生産や研究開発に，527億ドル（約7兆1千億円）の補助金を投じることとした。これを受けて，インテルや，マイクロン，TSMC，サムスン電子等が米国での新工場建設を発表している[17]。脆弱性を克服しようとする動きでもあるといえる。

　日本においても，TSMC の熊本工場の誘致等の取組が行われた。TSMC の熊本工場は，回線路幅が 22〜28 ナノ（ナノは 10 億分の 1）メートルのロジック半導体を製造する。国内ではこの世代のロジックチップ（論理演算回路）を生産できる工場はないが，TSMC においては台湾に以前から存在するラインであり，汎用品のロジック半導体の工場を誘致したと言いうる。「守り」としての経済安全保障と整理できる。

　この他にも，半導体サプライチェーン全般の考えられるリスクとしては，例えば，ウェハ材料であるシリコンの中国依存，特殊ガスとして使用するフッ素，タングステンの中国依存，日米欧の垂直統合型半導体メーカー（IDM）の後工程の東南アジア，中国への集積等が挙げられる（日本政策投資銀行 2022）。

3.　小括

　米国で誕生した半導体産業は，その後，日本や欧州，そして韓国，台湾，中国においても発展し，50 兆円を超える規模の産業となると共に，WTO やITA に象徴される冷戦終結後の自由貿易を基調とした安定した国際通商秩序により，国際分業が幾層にも進展した産業となった。具体的には，① ファブレスとファウンドリーの国際分業，② デバイス産業と装置産業，材料産業の国際分業，③ 半導体生産者と需要者の間の国際分業といった，主に 3 つの切り口での国際分業が進展した。その結果として，半導体の生産拠点は特定の国・地域に偏っていく。

　その安定した国際通商秩序の下で中国が急速に台頭する。特に 2010 年代半ば以降，米国の経済規模，技術優位に急接近すると共に，半導体分野を含む「中国製造 2025」に代表される中国の産業政策等の取組は，米国にとって米国の優位性への挑戦と受け止められる。このことに対して米国は反応し，全体として米中通商摩擦が激化すると共に，半導体分野では輸出管理規制を抜本的に強化する等，経済安全保障を前面に出してきたのである。

第5節   政策的インプリケーション

　本節では，前節までの議論を踏まえて，半導体サプライチェーンに関し，経済安全保障，産業政策，通商政策の観点からの政策的インプリケーションについて考察したい。

1.　経済安全保障の観点からのインプリケーション

　経済安全保障という視点で，日本の半導体関連産業を改めて見ると，技術優位性を獲得していく「攻め」としての経済安全保障と，汎用品の調達といった「守り」としての経済安全保障という2つの切り口で考えることができる。

　前述のとおり，TSMCの熊本工場の回路線幅が22〜28ナノメートルのロジック半導体の製造については，TSMCにおいては台湾に以前から存在するラインであり，汎用品のロジック半導体の工場を誘致したと言いうる。「守り」としての経済安全保障として整理できる。

　ではこれを起点に，先端技術の優位性に転化していくことは可能なのか。「攻め」としての経済安全保障を確保できるのか。次項で述べるように，先端半導体についての需要が，生産拠点の立地に当たって重要であることは指摘されてきている。また，何が「先端半導体」かについては，微細化したロジック半導体だけではないという指摘もある（井上 2022）。微細化とは異なる3次元積層技術や，データ経済化を考えれば，メモリー（データ）こそ重要になるという指摘である（井上 2022）。

　先端半導体への需要を伴う産業の振興を合わせて行うことで，「攻め」としての経済安全保障を確保しうると言える。その点で，経済安全保障と産業政策はつながっているのである。

2. 産業政策の観点からのインプリケーション

(1) 需要創出の重要性

　本章で論じてきた，半導体産業を巡る攻防をみるに，半導体に対する需要が，その時々の半導体産業を創出してきたように見える。ミラーも，その著書『Chip War』で，「市場を見つけたときにのみ，技術は進歩する」と指摘している（Miller 2022, 347）。米国における半導体産業の黎明期には，米国の軍需，そしてメインフレーム・コンピューター需要が，米国の半導体産業を生成してきた。また，日本では，通信，メインフレーム・コンピューターを含む電子・電機産業の需要が，半導体産業を生成してきた。そして日本では，需要家である電子・電機産業の競争力低下と共に，半導体産業も不振になっていく。代わって，スマートフォン産業等が急成長した韓国，国際分業，GVC に組み込まれることで，スマートフォン，パソコンを始めとする電子・電機産業が急成長した中国，その需要も取り込んだ台湾の半導体産業が発展していく。

　日本として反転のためには，産業政策として先端半導体の需要を創出していく必要があると考えられる。具体的には，例えば，データ，通信等と連携したロボティクス，自動運転車，ドローン等の需要が指摘されている（牧本 2021, 199-226）。また，データを中心とした需要創出も指摘されている（井上 2022）。

　日本には，半導体分野に限らず，技術開発で先行し，事業化の過程で，競争力を失ってきたケースがある。技術開発のみならず，需要創造にも重きを置いた産業政策を展開する必要があると考えられる。

(2) 技術開発

　技術開発については，政府が支援した産官学連携プロジェクトが，1990 年代以降も複数立ち上がり，Selete に代表される半導体メーカーの合弁企業や国の研究開発機関が参加し，次世代の生産技術開発等が行われたが，その技術は活用，事業化できなかった。車載以外の市場を開拓できなかったのが，最大の原因である，と指摘されている（井上 2022）。技術があっても，需要がなければ使われない，と言える。

　事業化まで念頭に置いた技術開発については，台湾の ITRI の事例が指摘されている（牧本 2021, 229-230）。例えば，1970 年代に米国の RCA と技術提携して，ITRI の傘下の研究所において，技術の移管が進められ，移管が終わると，ITRI の電子部門で生産ラインの建設が進められ，完成すると，技術者と共にベンチャー企業が立ち上げられた。それが UMC であり，後には TSMC も ITRI からスピンアウトする。日本でも，より事業化を念頭に置いた技術開発，その体制が必要と考えられる。

　また，技術開発については，日本企業の強みがある，フラッシュメモリーを始めとするメモリー，アナログ半導体，パワー半導体等を伸ばしていくべきとの指摘がある（井上 2022）。天野は，例えば，窒化ガリウムを用いたパワー半導体の研究開発による電気自動車（EV）等の省エネ等に日本の優位性があると指摘する[18]。強みを伸ばすことで，技術優位性の維持，経済安全保障上の意義が考えられる。

　技術開発プロジェクトにおいて事業化へと進めなかった背景には，需要の創造や事業化を念頭に置いた技術開発といった課題と共に，経営判断，経営主体の問題もあると考えられる。その観点からは，2022 年 11 月に，トヨタ自動車やデンソー，NTT，ソフトバンク等の需要家と，ソニーグループ，NEC，キオクシアホールディングス，三菱 UFJ 銀行が出資しての設立が発表された，次世代半導体を国内で量産する Rapidus（ラピダス）は注目されるところである[19]。

3．通商政策の観点からのインプリケーション

　第 1 章で述べたように，自由貿易を基調とする国際通商秩序を含む国際秩序は，秩序成立時の一定のパワー分布を前提に成立しており，パワー分布が急速に変化する際には，パワーと機能とが乖離し，従前の秩序は機能しなくなり，再構築が必要となってくる。

　高度成長期以降の日本経済の急速な成長，特に，安全保障上も経済全体にとっても重要な半導体産業分野での規模，技術両面での急速な成長と米国の規模と技術優位性への接近は，GATT の成立の前提となったパワー分布を大き

く変えるものであった。日米貿易摩擦，日米半導体摩擦は，このようなパワー分布の急速な変化を受けて，起きたものと言える。米国が，自由貿易という従来のGATTを中心とした国際通商秩序の機能を一部止めて，秩序の再編に取り組んだのが，日米半導体協定を始めとする日米半導体摩擦，日米通商摩擦であったと指摘できる。既存のGATTという国際通商秩序の枠内で解決できなかったことを，日米交渉で一定の合意を図ったと言える。このような日米間の交渉と並行して，米国は，新たなパワー分布に見合った国際通商秩序形成として，米国の産業界が強い関心を有するサービス分野や知的財産権等の新分野や，これまで規律が不十分だった農業分野や途上国等を含んだGATTの新ラウンドを提唱し，同ラウンドを通じて新たな秩序形成にも取り組むのである（佐々木 1997, 205-206）。そしてそれに日本も応じ，支持していく。1983年5月の米国でのウィリアムズバーグ・サミットでレーガン大統領は，新ラウンドを提唱し，同年11月の日米首脳会談で，中曽根総理もそれを積極的に支持する（萩原 2003, 157）。そして1986年9月にウルグアイで開催されたGATT閣僚会議で，ウルグアイ・ラウンドとして交渉が開始される。

　同様に，2001年のWTO加盟以降，中国は急速な経済成長を遂げ，経済規模，技術優位の両面で，米国の優位に急速に接近していった。中国の半導体産業も規模，技術の両面で一定の成長を遂げる。その上で，中国製造2025に代表されるように，中国は，本格的な半導体産業育成に，巨額の政府支援により取り組み始めた。このような中国の動きは，WTOを始めとする国際通商秩序の成立の前提となったパワー分布を急速に変えるものだったと言える。このような半導体分野を含む中国の急速な台頭とその可能性を受けて，米国は，2018年以降，通商関係全体では，通商法301条に基づき，巨額の対中制裁関税措置を発動した上で，米中交渉を行い，半導体分野では，対中国での輸出管理規制を抜本的に強化し，先端半導体について事実上の対中禁輸を行った。また，2022年にはCHIPS・科学法を成立させ，巨額の補助金で中国に対抗していく。米国は，冷戦終結以降のWTOの発足，中国のWTO加盟，グローバリゼーション，国際分業という自由貿易を基調とした国際通商秩序の機能を一部止め，国際通商秩序の再編に取り組み始めたと指摘できる。

第6節　おわりに

　本章では，国際的な半導体サプライチェーンの発展とそれを巡る日本，米国，中国，韓国，台湾等の主要国・地域間の攻防を，第1章で論じた経済安全保障や国際通商秩序等の概念も用いて論じた。米国で誕生した半導体が，その産業上，安全保障上の重要性が故に，国際的な経済安全保障上および通商秩序上の焦点に繰り返しなってきたことがよく分かる。半導体を巡る優位性を含んだ新たなパワーの急速な台頭は，日米半導体摩擦，米中の半導体を巡る摩擦で見られたように，既存の国際通商秩序を揺るがし，秩序の再編・再構築を生じさせ，経済安全保障を再登場させた。1980年代の日米半導体摩擦後の約30年間に及ぶ安定期を経て，今，この2020年代において，秩序の動揺と再編期に入ったと言える。

　以上の議論を踏まえて，第4節では，経済安全保障，産業政策，通商政策の3つの観点からの政策的インプリケーションについて考察した。そしてこの3つの観点は，いずれも技術優位性という点において，つながっていると指摘できる。経済安全保障における重要な要素である技術優位性は，適切な経済安全保障と産業政策が連動することで初めて確保することができる。また，通商政策によって，技術優位性，経済安全保障が影響を受け，また逆に，技術優位性，経済安全保障により通商政策が影響を受けることが見て取れる。

　新たなパワーの急速な台頭により，国際通商秩序が前提としていたパワー分布が急速に変化し，国際通商秩序が機能不全を起こし，相互依存リスクが増大した。このことを受けて，日本としては，経済安全保障の視点から，技術優位性の確保と脆弱性の克服に努めると共に，新たなパワー分布に見合った形でルールが適切に機能するよう，国際通商秩序の再構築に取り組む必要がある。

[注]
1　本章の内容については，文責はすべて筆者個人のものであり，筆者が所属するいかなる組織の見解を示すものではない。
2　株式会社日立ハイテク　ホームページ　「半導体の歴史」https://www.hitachi-hightech.com/jp/ja/knowledge/semiconductor/room/about/history.html

3　前田佳子「ニッポン半導体「敗戦記」」東洋経済オンライン（2021年10月26日）における，富士通の電子デバイス事業本部長だった藤井滋氏のコメント。
4　The United Nations, *National Accounts - Analysis of Main Aggregates*, より筆者作成。
5　新たなパワーの台頭と国際通商秩序の関係については，第1章第3節を参照のこと。
6　IC Insights, *Research Bulletin*, January 8, 2014.
7　日本総研「台湾情勢緊迫化と高まる半導体リスク」Research Focus，2021年8月6日。
8　「半導体ファンドとは　中国，ハイテク産業育成」『日本経済新聞』2020年7月7日電子版。
9　IC Insights, January 6, 2021.
10　「中国半導体「無駄遣いプロジェクト」の責任追及　国家発展委員会が地方政府に異例の警告」東洋経済オンライン　2020年10月30日。
11　The United Nations, *National Accounts - Analysis of Main Aggregates*.
12　IC Insights, April 5, 2022.
13　The United Nations, *National Accounts - Analysis of Main Aggregates*.
14　ペンス米国副大統領演説。2018年10月4日。
15　「米国，半導体補助金法が成立　7兆円で生産・開発支援」『日本経済新聞』2022年8月10日電子版。
16　「中国，半導体の国産化を加速　米国の技術封鎖に対抗」Financial Times（日本語版），2022年9月7日。
17　「米国，半導体補助金を支給へ　大統領令で省庁横断組織」『日本経済新聞』2022年8月26日電子版。
18　「ノーベル賞の天野浩教授，パワー半導体「日本に勝機」」『日本経済新聞』2022年10月2日電子版。
19　「トヨタやNTTが出資　次世代半導体で新会社，国内生産へ」『日本経済新聞』2022年11月10日電子版。

[主要参考文献]
日本語文献
アイケンベリー，G・ジョン（2012）『リベラルな秩序か帝国か　アメリカと世界政治の行方』細谷雄一監訳，勁草書房。
アリソン，グレアム（2016）『米中戦争前夜』藤原朝子訳，ダイヤモンド社。
伊藤元重＋伊藤研究室（2000）『通商摩擦はなぜ起きるのか』NTT出版。
井上弘基（1999）「米国半導体産業における産業政策の登場＝セマテック」『機械経済研究』No.30., 機械振興協会経済研究所。
井上弘基（2022）「TSMC×ソニーは序の口　半導体「経済安保」は「新成長」構想が必要」『日経ビジネス電子版』。
猪俣哲史（2019）『グローバル・バリュー・チェーン　新・南北問題へのまなざし』日本経済新聞出版社。
ウォルツ，ケネス（2010）『国際政治の理論』河野勝・岡垣知子訳，勁草書房。
川上桃子（2020）「米中ハイテク覇権競争と台湾半導体産業：「二つの磁場」のもとで」川島真・森聡編『アフターコロナ時代の米中関係と世界秩序』東京大学出版会。
川島富士雄（2011）「中国による補助金供与の特徴と実務的課題　―米中間紛争を素材に―」RIETI Discussion Paper Series 11-J-067.
木村福成・西脇修編著（2022）『国際通商秩序の地殻変動』勁草書房。
経済産業省（2018）『通商白書』2018年版。

経済産業省通商政策局編（2001）『不公正貿易報告書』2001年版。

経済産業省（2021）第1回半導体・デジタル産業戦略検討会議　資料5「世界の半導体市場と主要なプレイヤー」。

高乗正行（2002）『ビジネス教養としての半導体』幻冬舎。

コヘイン，ロバート・O（1998）『覇権後の国際政治経済学』石黒馨・小林誠訳，晃洋書房，

コヘイン，ロバート・O，ジョセフ・S・ナイ（2012）『パワーと相互依存』瀧田賢治監訳／訳，ミネルヴァ書房。

佐々木隆雄（1997）『アメリカの通商政策』岩波新書。

鈴木基史（2000）『国際関係』社会科学の理論とモデル2，東京大学出版会。

田中明彦（1996）『新しい中世』講談社学術文庫。

通商産業省通商産業政策史編纂委員会編（1991）『通商産業政策史　第8巻　第Ⅲ期　高度成長期(1)』財団法人通商産業調査会。

通商産業省通商産業政策史編纂委員会編（1993）『通商産業政策史　第12巻』財団法人通商産業調査会。

独立行政法人経済産業研究所通商産業政策史編纂委員会編　阿部武司編著（2013）『通商産業政策史1980-2000　第2巻』財団法人経済産業調査会。

内閣府（2018）『世界経済の潮流　2018年Ⅱ』https://www5.cao.go.jp/j-j/sekai_chouryuu/sa18-02/pdf/s2-18-1-1.pdf

中野雅之（2021）「米国の輸出管理の新展開」村山祐三編著『米中の経済安全保障戦略』芙蓉書房出版。

西脇修（2022）『米中対立下における国際通商秩序』文眞堂。

日本政策投資銀行（2022）「経済安全保障を見据えた在庫戦略」『DBJ Research』。

NEDO TSC（2021）「TSCトレンド　グローバルな半導体競争」『TSC Foresight』。

萩原伸次郎（2003）『通商産業政策』日本経済評論社。

藤田実（2000）「1990年代の半導体産業　―逆転と再逆転の論理―」中小企業家同友会全国協議会企業環境研究センター編『企業環境研究年報』。

前田佳子（2021）「ニッポン半導体「敗戦記」」『東洋経済オンライン』。

牧本次生（2021）『日本半導体復権への道』ちくま新書。

山田周平（2020）「半導体にみる中国の光と影」宮本雄二・伊集院敦編著『技術覇権　米中激突の深層』日本経済新聞社。

山田高敬・大矢根聡編（2011）『グローバル社会の国際関係論（新版）』有斐閣。

山田雄大（2021）「「日の丸半導体」が凋落したこれだけの根本原因　富士通・元半導体部門トップが直言」『東洋経済オンライン』。

山本吉宣（2008）『国際レジームとガバナンス』有斐閣。

吉岡英美（2010）『韓国の工業化と半導体産業』有斐閣。

吉田秀明（2008）「半導体60年と日本の半導体産業」大阪経済大学日本経済史研究所『経済史研究』。

鷲尾友春（2014）『日米間の産業軋轢と通商交渉の歴史』関西学院大学出版会。

渡邊頼純（2007）『国際貿易の政治的構造　GATT・WTO体制と日本』北樹出版。

英語文献

BCG, SIA, (2021) *Strengthening the Global Semiconductor Supply Chain in an Uncertain Era.*

Bown, Chad P., (2020a) "There Is Little Dignity in Trump's Trade Policy" *Foreign Affairs.*

Bown, Chad P., (2020b) "How the United States marched the semi-conductor industry into its trade war with China", *Working Papers 20-16*, PIIE.

European Commission, (2016) *The Expansion of the Information Technology Agreement: An Economic Assessment.*

Ezell, Stephen J. and Robert D. Atkinson, (2014) "*How ITA Expansion Benefits the Chinese and Global Economies*", Washington D.C.: The Information Technology & Innovation Foundation.

Krasner, Stephen D. (1983) "Regimes and the limits of realism", *International Regimes*, edited by Stephen D. Krasner, Ithaca: Cornell University Press.

Miller, Chris, (2022) *Chip War*, Simon & Schuster, Inc.

PwC, (2017) "China's Impact on the Semiconductor Industry; 2017 Update".

The United Nations, *National Accounts - Analysis of Main Aggregates,*

U.S. the White House, (2018) Press Release, "Joint Statement of the United States and China Regarding Trade Consultations".

U.S. the White House, (2021) "Building Resilient Supply Chains, Revitalizing American Manufacturing, and Fostering Broad-Based Growth".

United States Trade Representative, (2018a) 2017 Report to Congress On China's WTO Compliance.

United States Trade Representative, (2018b) *The President's 2018 Trade Policy Agenda.*

United States Trade Representative, (2018c) Press Release, "Under Section 301 Action, USTR Releases Proposed Tariff List on Chinese Products".

Vangrasstek, Craig, (2019) *Trade and American Leadship*, Cambridge University Press,

WTO, (2017) *20 Years of the Information Technology Agreement*, Geneva: WTO.

Wu, Mark. (2016) "The "China, Inc." Challenge to Global Trade Governance", *Harvard International Law Journal*, Volume 57, Number 2.

新聞・機関誌等
『日本経済新聞』, 『東洋経済オンライン』
Financial Times, IC Insights.

（西脇　修）

第3章

半導体・電気電子機器産業の
サプライチェーンの強靱化

第1節　はじめに

　近年，半導体およびそれを利用した電気電子機器産業において，安全保障上の懸念などから各国で大規模な政策が行われ，それによってグローバル・サプライチェーンが変化しつつある。本章では，これらの産業に焦点を当てて，日米欧中の政策を概観し（第2節），その結果日米中間の貿易がどのように変化しているかを見る（第3節）。その上で，サプライチェーンの強靱性や特定産業をターゲットとした「産業政策」の有効性に関する経済学の知見を基にして，日本の政策や貿易の現状を評価し，日本政府や企業に対してよりよい政策や経営のあり方について提言を行う（第4節）。

第2節　半導体・電気電子機器産業に関わる各国の政策

　半導体およびその表面に電子回路を配置した集積回路は，コンピューターやスマートフォン，自動車など様々な電気電子機器に利用されており，現代の生活ばかりか国家安全保障に欠かすことができない。そのため，安全保障問題に起因する米中対立では，米中両国ともに半導体をはじめとするハイテク製品に関する貿易規制や，国内の半導体や電気電子機器産業をターゲットとして育成しようとする「産業政策」が行われている。

　貿易規制については，各国は安全保障上の理由からハイテク製品の輸出管理

を強化している。米国は，2010 年ころから中国の情報通信機器大手ファーウェイや ZTE 製の電子機器から情報が漏洩している可能性を懸念しており（US House of Representatives 2012），2019 年にはファーウェイを輸出管理の対象である「エンティティリスト」に加えて，米国からの輸出や米国製品や技術を利用して製造した製品の他国からの輸出を許可制にした。その後，ファーウェイだけではなく，中国の多くのハイテク企業もエンティティリストに追加された。さらに，2022 年 10 月には米国商務省は中国に対する輸出管理を著しく強化して，中国への高性能な半導体の輸出を原則不許可とした（安全保障貿易センター 2022）。

　日本も 2019 年に情報通信技術や軍事技術関連の製品の輸出管理を強化し，複数の契約について包括的に輸出許可を供与していたものを個別許可が必要となるように変更した。また，2022 年には国内の機微技術の提供についても，最終的には国外に提供される可能性が高い場合には管理の対象とするなど，モノの輸出だけではなく技術の輸出についても管理が強化されている（経済産業省 2022a）。

　中国でも，2020 年に輸出管理法を制定し，戦略物資の輸出や技術移転の管理を強化した（National People's Congress 2020）。

　さらに米国は，2019 年 8 月からファーウェイや ZTE などの製品を政府機関が調達するのを禁じていたが，2022 年 11 月にはこの 2 社を含む中国ハイテク企業 5 社の製品の輸入・販売を禁止している（FCC 2022）。これにより，米国は中国とのハイテク製品の貿易を輸出入ともに強く規制したことになる。

　半導体に対する産業政策としては，米国では 2021 年に半導体等の戦略物資のサプライチェーンの強靭化の必要性がバイデン大統領によって提起されており（White House 2021；2022a；USDC et al. 2022），その後 2022 年 8 月に米国 CHIPS & Science 法が成立した（White House 2022b）。この法律では，半導体サプライチェーンの米国内の展開と研究開発に対して 520 億ドル，さらに関連分野での研究開発活動や教育などにも 2000 億ドル以上の予算をつけている。これらの政策によって，米国は TSMC，サムスン，インテルといった半導体産業における世界のトップ企業の生産拠点を米国に誘致することに成功している。

　中国は，米中対立激化前から大規模な補助金をハイテク産業に対して供与して，産業振興を行ってきた。通商白書の試算によると，2015 年には 400 億元（約 60 億ドル），2020 年には 1000 億元（約 150 億ドル）がそのために費やされたという（経済産業省 2022b）。特に集積回路は，2015 年に公布された「中国製造 2025」において重要産業の 1 つとして規定されており，2030 年には国産化率を 75％に引き上げることを目標としている（丸川 2022）。2021 年には，集積回路製造における高度な技術を持つ企業に対して法人税を免除するなどの税制優遇措置を強化し，国内の技術レベルの引き上げを図っている（ジェトロ 2021a）。

　このような産業政策は他国にも波及し，あたかも半導体産業に対する産業政策の国家間競争の様相を呈している。

　日本政府は 2021 年，「特定高度情報通信技術活用システムの開発供給及び導入の促進に関する法律」（5G 促進法）を制定し（経済産業省 2022c），2021 年度補正予算によって 6200 億円を半導体企業の国内誘致のための補助金として認めた（経済産業省 2022d）。そのうち，TSMC の生産拠点の熊本への誘致に最大 4760 億円を，キオクシアと米ウェスタンデジタルの四日市工場の設備投資に最大 929 億円を，マイクロンメモリジャパンの東広島工場の設備投資に最大 465 億円を支援する（経済産業省 2022e）。それ以外にも，2019 年より日本は半導体を含む重要物資の生産拠点の国内での整備に対して補助金を供与している（経済産業省 2022f）。

　また日本では，2022 年に成立した経済安全保障推進法によって，特定重要物資に指定された物資の生産者は，その供給確保計画や在庫情報などを政府に提出することで助成や融資などの政策支援を受けることができることになった（内閣府 2022）。特定重要物資は政令で指定されるが，半導体も含まれる予定である。

　さらに，2022 年 11 月には Rapidus 社がキオクシアやトヨタ自動車，NTT など日本企業 8 社の出資と，日本政府から 700 億円の補助金を得て，線幅 2 ナノメートル以下の次世代半導体の開発や生産を目指して設立された（経済産業省 2022g）。

　ヨーロッパ諸国も同様に半導体産業への政策支援を拡大している。イギリス

は 2.5 億ポンドの予算で 5G（第 5 世代移動通信システム）ネットワーク多様化戦略を実施しており（UK Government 2020），EU（欧州連合）は 430 億ユーロ規模の欧州半導体法を策定した（EU 2022）。これらの政策の目的は，アジア諸国，特に中国に依存しない強靱なサプライチェーンをハイテク製品について構築することである。

　以上は，自国に半導体産業を誘致・育成して有事の際にも国内産業への半導体の供給を確保しようとする「オンショアリング」型の政策が中心である。それ以外の政策として，「フレンドショアリング」，つまり生産拠点を安全保障上問題のある国から友好国に移管することで，サプライチェーンの強靱化を図ることも行われている。

　その 1 つの方法は多国間の国際的な枠組みによるもので，例えば日本が提唱した「自由で開かれたインド太平洋」を引き継いで米国が主導するインド太平洋経済枠組み（IPEF）がある。IPEF は，2022 年 11 月 21 日現在，米国，日本，インド，ニュージーランド，韓国，シンガポール，タイ，ベトナム，ブルネイ，インドネシア，マレーシア，フィリピン，オーストラリア，フィジーの14 カ国が参加するもので，サプライチェーン強靱化やデジタル貿易促進のための国際ルール形成などが話し合われている。また，日豪印の間ではサプライチェーン強靱化イニシアティブ（SCRI）ができた。これらの国際的枠組みは自由貿易協定とは異なり，参加国に対して海外市場（特に米国市場）への関税などの貿易障壁を軽減するものではないために，実効性を疑問視する考え方もある。しかし，参加国間の情報共有やビジネスマッチングを促進することができれば，サプライチェーンの再構築に一定の役割を果たすことは可能である。

　さらに日本では，フレンドショアリングのための政策として，少数国に集中した海外生産拠点の ASEAN 諸国への移転のための設備投資に対して補助金を供与する事業が 2019 年より始まっている（ジェトロ 2022）。

第3節　半導体・電気電子機器貿易の現状

　前節のような政策の結果，半導体・電気電子機器の貿易はどうなったであろうか。ここでは特に，半導体製造装置（HSコード8486）と半導体を利用した電子回路である集積回路（8542），およびこれらの品目を含む電気電子機器全体（85）に焦点を当てて，2018年1月から直近の2022年8月までの月次のデータを概観したい。集積回路だけでなく半導体製造装置についても注目するのは，2021年には半導体製造装置の生産シェアは，米国メーカーが40.8％で第1位，日本メーカーが25.5％で第2位であり（湯之上 2022. ただし，これらは必ずしも生産国のシェアではない），日米企業の半導体製造装置は半導体サプライチェーンにおいて重要な位置を占めているからだ。

　図表3-1は，米国からの半導体製造装置と集積回路の輸出額および中心となる輸入国である中国と台湾のシェアを示している。2020年初頭の世界的なコロナ感染拡大以降，都市封鎖（ロックダウン）にともなういわゆる巣ごもり需要のためにスマートフォンやパーソナルコンピューター，家庭内電化製品などの需要が増え，それとともに半導体の需要が急増した。そのため，2020年以降に両品目の米国からの輸出は急増している。しかし，いずれの品目においても，中国のシェアは2021年初め頃より急減しており，米国による中国に対する半導体関連製品の輸出管理強化の影響が顕在化していることがわかる。

　図表3-2は，図表3-1と同様のものを日本について示したものである。米国同様に，両品目ともにコロナ禍後に輸出が急増しているが，2020年後半から（集積回路は大きな変動がありつつも）中国向けのシェアが低下傾向にある。これは，米国の対中輸出管理強化では米国からの輸出だけではなく，米国製の機器・装置による製品の各国からの輸出も対象となっているために，日本企業が対中輸出を減らしたためと考えられる。

　図表3-3は，逆に米国（上図）と日本（下図）の集積回路の輸入について見たものである。日米ともに輸出額とほぼ同額の集積回路を輸入しており，各国間で貿易が行われていることがわかる。これは，日本が電子回路の線幅が28ナノメートル以上の比較的低いレベルの半導体の生産では一定のシェアを

図表 3-1 米国の半導体製造装置・集積回路の輸出

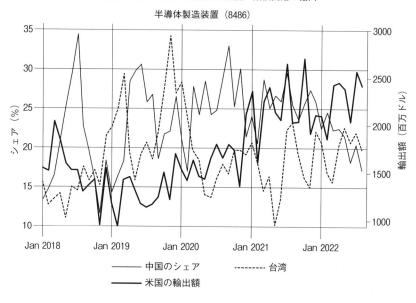

半導体製造装置（8486）

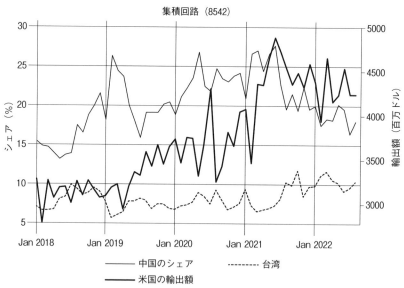

集積回路（8542）

出所：UN Comtrade

図表3-2 日本の半導体製造装置・集積回路の輸出

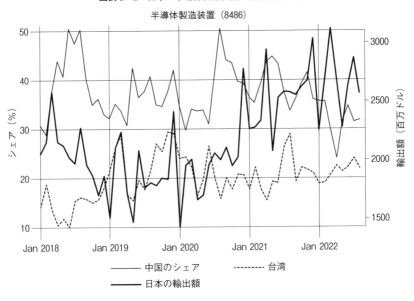

半導体製造装置（8486）

中国のシェア ───── 台湾 --------
日本の輸出額 ─────

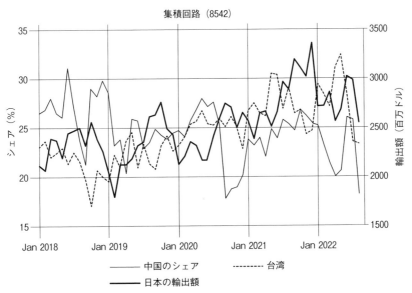

集積回路（8542）

中国のシェア ───── 台湾 --------
日本の輸出額 ─────

出所：UN Comtrade

図表3-3　米国・日本の集積回路の輸入

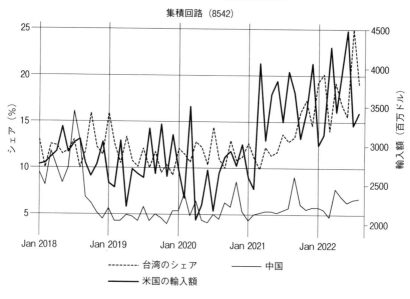

集積回路（8542）

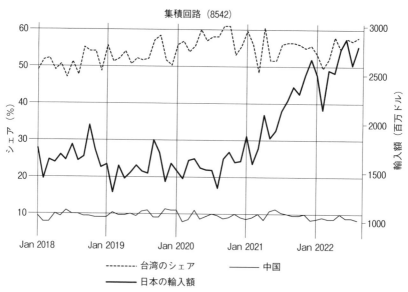

集積回路（8542）

出所：UN Comtrade

持つ半面，米国は10-22ナノの中レベル，台湾は10ナノ以下の先端半導体で大きなシェアを持ち（ジェトロ 2021b），各国は強みを持った製品を互いに貿易しあっているためと考えられる。

　さらに，米国では2018年には台湾と中国のシェアが拮抗していたが，その後中国のシェアは急減し，逆に台湾のシェアが急増している。2018年には米中間で関税競争が始まったことに加えて，2019年以降の安全保障に関わる米中対立政策が影響したと考えられる。ただし，米国の中国からの集積回路の輸入には，米国企業のインテルや韓国企業のサムスンの中国における生産拠点からの輸入も含まれていることには注意が必要だ。

　日本の集積回路の輸入においては，各国のシェアは比較的安定しているが（図表3-3では省略しているが，米国・韓国のシェアも安定している），台湾のシェアが50〜60％と非常に高く，台湾の半導体に強く依存していることが日本の特徴である。

　図表3-4は，中国の半導体製造装置および集積回路の輸入について見たものである。製造装置は日本（シェア約30％），米国（約18％）に強く依存しており，その依存度は2020年以降にも必ずしも低下していないことが見てとれる。また，集積回路の輸入については，台湾に約35％を依存しており，そのシェアは近年も上昇している。つまり，米中対立の中で，米中ともに台湾製の半導体への依存度を強めているのだ。

　とは言え，世界的に見ても台湾製の半導体への依存度では日本が突出しており，半導体の輸入相手国の集中度が高い。そのことを確認するために，集積回路の輸入における相手国の集中度を，各国のシェアを2乗してすべての国について足し合わせたハーフィンダール・ハーシュマン指標（HHI）で測り，日米中独について示したのが図表3-5である。HHIは1国に完全に依存していると1となり，非常に多くの国から平均的に輸入していると0に近い小さな値となる。この図から，日本の半導体輸入相手の集中度が他の国よりも格段に高く，しかも2018年にくらべると直近の2022年の方がむしろ高くなっていることがわかる。米国は2021年初頭以降に集中度を大幅に引き下げており，政策的に半導体の供給元を分散させていることが示唆されている。

　ただし，半導体については台湾に依存しているが，より広く電気電子機器の

図表3-4　中国の半導体製造装置・集積回路の輸入

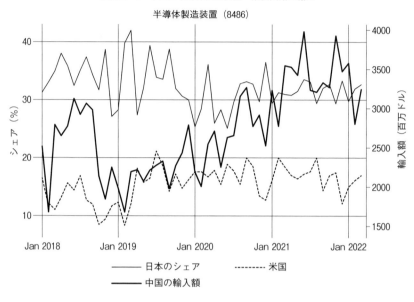

半導体製造装置（8486）

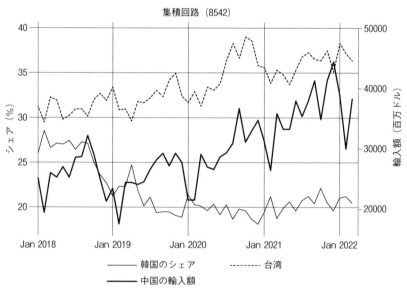

集積回路（8542）

出所：UN Comtrade

図表3-5　各国の集積回路輸入国の集中度

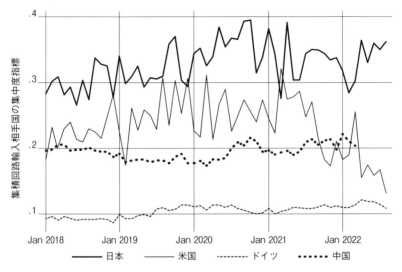

出所：UN Comtrade

　輸入について見てみると，日本は中国に強く依存している。図表3-6は，米国と日本の電気電子機器の輸入額と，そのうちの中国，台湾，ASEANのシェアの推移を見たものだ。中国のシェアは，米国では2018年の40％超から直近の2022年後半では30％を切るまで低下しているが，日本では2021年までは50％近くあったものが2022年に入って急減しているものの，いまだに40％を超えており，中国依存は強い。電気電子機器の輸入についても輸入国の集中度（HHI）を日米中独で比較したものが図表3-7であるが，強い中国依存による日本の集中度の高さがここでも際立っている。

　以上をまとめると，米中対立にともなう各国の政策によって，米国の半導体製造装置や集積回路の対中輸出は2021年より急減しており，日本からの対中輸出も減少傾向にあるといえる。集積回路や電気電子機器全体の輸入を見ると，米国では輸入相手国の集中度が近年低下しているが，日本は前者では台湾に，後者では中国に大きく依存した状態が続いており，米中独にくらべると輸入相手国の集中度が顕著に高い。

図表 3 - 6　米国・日本の電気電子機器の輸入

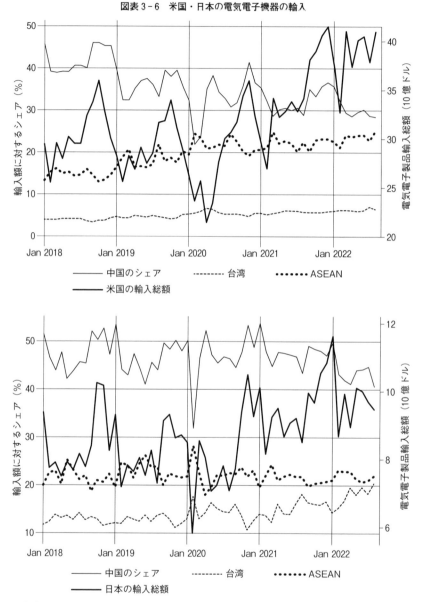

出所：UN Comtrade

図表 3 - 7　各国の電気電子機器輸入国の集中度

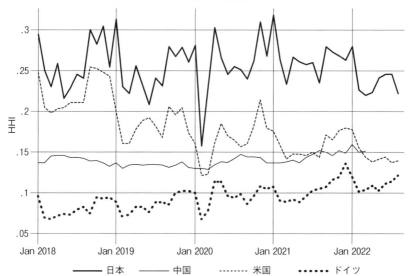

出所：UN Comtrade

第 4 節　半導体・電気電子機器産業の現状の評価と提言

　これまで，半導体・電気電子機器産業に関する政策と貿易の現状を概観し
た。本節では特に日本の政策と貿易の現状について，強靭なサプライチェーン
のあり方および効果的な「産業政策」のあり方に関する研究成果や各国との比
較を基に評価して，今後のあり方を提言したい。

1.　強靭なサプライチェーンの観点から見た評価と提言

　第 3 節で示したように，日本は半導体では台湾に，電気電子機器全体では中
国に大きく依存している。このような現状では，例えば中国による台湾侵攻な
ど安全保障上の理由によって中国もしくは台湾からの輸入が途絶した場合に
は，日本経済への影響は甚大である。しかも注意すべきなのは，半導体や電気

電子部品などの中間財の輸入が途絶した場合，その影響は国内のサプライチェーンを通じて多くの企業に波及して増幅されることだ。部品の輸入が途絶したことでその輸入企業の生産が滞ると，さらにその上流や下流の取引先企業の生産にまで影響するからだ。

　兵庫県立大学の井上寛康教授と筆者は，このような波及効果を含む輸入途絶の影響を，100万社以上の企業とその400万以上の取引関係を含むデータを利用して，シミュレーションによって推計した（Inoue and Todo 2022）。中国からの電子部品，電気機械，情報通信機械産業への中間財の輸入の80％が2カ月間途絶したと仮定すると，日本の付加価値減少額はそれぞれ2.4兆，4.0兆円，3.4兆円と予測されていて，いずれの影響も非常に大きい。

　このように，電気電子機器関連の輸入の途絶による生産減少が大きいのは，1つにはその輸入額が大きいこともあるが，もう1つの理由はこれらの輸入企業が国内のサプライチェーンで比較的上流に位置していることだ。つまり，電気電子機器産業では集積回路や電子部品などの上流部品を輸入して国内で加工して最終製品を生産しているために，輸入途絶の影響がサプライチェーンを長く伝わって多くの下流企業に到達してしまうことで，増幅されるのだ。

　このように，電気電子機器産業における中国からの中間財輸入の途絶の国内経済への影響は甚大である。データの制約からシミュレーションは行えていないが，台湾からの半導体輸入の途絶の影響も同様であろう。中国による台湾侵攻によって中国や台湾からの輸入が途絶するリスクは増大しているし，直接の軍事侵攻に至らずとも米中対立の激化から中国との貿易，特にハイテク製品の貿易が規制されるリスクもある。実際に，2022年には米中，日中の電気電子機器貿易は縮小しており（第3節），今後さらに貿易の規制が強化されようとしている（第2節）。

　したがって，増大する貿易途絶・縮小のリスクに備えて，電気電子機器貿易における中国依存，半導体における台湾依存を下げることは絶対に必要だ。特に，日本は半導体，電気電子機器輸入における輸入国の集中度が他の主要国と比べて格段に大きく，米国のように減少傾向にもない（図表3-5・図表3-7）。

　その意味では，日本が補助金によってTSMCの生産拠点を熊本に誘致し，

キオクシア・ウェスタンデジタルやマイクロンメモリジャパンの設備投資を支援するのは，一定の意味がある。ただし，1国への依存に対して生産拠点の国内回帰だけで対応するというのは，経済的な効率性からもサプライチェーンの強靭性からも好ましくない。日本企業は，数十年にわたって効率のよい生産を求めて，グローバルに素材や部品の調達・生産を展開してきた。大規模な国内回帰はその効率性を減じ，むしろ日本企業の国際競争力の弱体化につながる恐れもあり，注意が必要だ。

　さらに，サプライチェーン途絶のリスクは海外ばかりではなく国内にもある。特に，日本は世界的にも災害の多い国であり，近い将来の発生が予測されている南海トラフ地震や首都圏直下型地震，富士山噴火などは日本の産業集積地に大きな被害をもたらすとされる。したがって，生産拠点を国内に集中させることは，サプライチェーンの強靭化に対してもマイナスの影響がある。

　国内回帰よりも生産の効率性や強靭性に対して効果的だと考えられるのは，中国依存を下げて，安全保障上の問題が少ないと考えられる国に多様にサプライチェーンを拡大していくフレンドショアリングである。なぜなら，サプライチェーンにおける取引先国を多様化することで，ある国からの供給が途絶しても別の国からの供給で代替することでその影響を緩和できる可能性が高くなるからだ。

　サプライチェーンの途絶に際して，サプライヤーを代替することでその影響を最小限に抑えることは，学術的な実証分析でも企業経営の現場でも確かめられている。

　例えば筆者らのシミュレーション分析では，サプライヤーが代替できないと仮定した場合にくらべて，サプライチェーンで間接的につながったサプライヤー同士の代替は可能だと仮定した場合では，輸入途絶の影響は約半分に縮小する（Inoue and Todo 2022）。筆者らの別の研究では，米国東海岸の産業集積地帯に大きな被害を与えたハリケーン・サンディの経済的影響はサプライチェーンを通じて米国国内には波及したが，国外には波及しなかったことを見出している（Kashiwagi, et al. 2021）。これは，国際的に多様な取引先を持つ企業は，サプライチェーンが途絶しても代替先を容易に見つけることができるため，その影響を緩和することができることを示唆している。

　同様のことは，コロナ禍でも見いだされている。コロナ禍中の国別品目別の国際貿易データを使った分析では，ある国でコロナ感染者数が増加すると，その国から機械部品を輸入している国の機械製品の輸出が減少することがわかっている。しかし，もし機械製品の輸出国がより多様な国から機械部品を輸入している場合には，その影響は小さくなる（Ando and Hayakawa 2021）。さらに，コロナ禍中にASEAN諸国とインドで収集された企業データを利用した分析では，コロナ禍で取引先の1つとの取引額を減らしたものの，別の取引先との取引額を増やした「強靭な」企業は，サプライヤーが複数の国にわたっている場合に多かった（Todo, et al. 2022）。

　現実でも，東日本大震災以降にトヨタ自動車は直接のサプライヤーだけではなく間接的な（ティア2以降の）サプライヤーも含めたサプライチェーンのデータベースを作成し，あるサプライヤーからの部品納入が途絶した場合に，どのサプライヤーで代替可能かをすぐに判断できるようにしている（藤本他 2016）。このデータベースを活用することで，熊本地震やコロナ禍におけるサプライチェーンの途絶の影響を抑えることができたという（日刊工業新聞 2020）。トヨタを含む自動車産業では，サプライヤーの代替が容易となるように部品のモジュール化（標準化）も進んでいる。

　したがって，多様な国でフレンドショアリングを推し進めることで，有事の際の代替がしやすくなり，強靭なサプライチェーンを構築することが可能である。しかし1つの問題は，有事の際にも貿易を規制せずサプライチェーンを途絶させない「友好国」とはどこかということだ。コロナ感染拡大初期の2020年には，80カ国がマスクや消毒剤などの医療製品に対して輸出制限をかけており，有事の際には貿易が制限されることは大いにありうる。

　おそらく（コロナ禍のような短期的な一定の貿易制限はありうるにしても），米国，英国，EU諸国，オーストラリアは友好国と考えてよいだろう。したがって，日本とこれらの国との間にサプライチェーンを強化していくべきである。例えば，日本の集積回路の輸入において米国のシェアは10％程度であり，むしろ減少傾向にある。だから，米国が国内に誘致したTSMCなどの半導体企業からの日本への先端半導体輸入を増やし，逆に日本から米国への半導体製造装置の輸出を増やせば，お互いの利益となるサプライチェーンの強靭化が可

能となる。

　しかし，それ以外の国々が友好国であるかどうかは自明ではない。例えば，ロシア・ウクライナ戦争でも，米欧のロシアに対する経済制裁に多くの新興国・開発途上国は同調せず，安全保障に関わる姿勢の違いが浮き彫りとなった。とは言え，米欧豪だけではなく，インド，ASEAN，さらには東アフリカ諸国にも多様なサプライチェーンを張り巡らさなければ，様々なリスクに対応できる強靭なものとはならない。したがって，日本政府は米欧豪と連携してこれらの国々との緊密な外交関係を深め，有事の際にもサプライチェーンを途絶させないような強固な関係を作っておくべきであろう。

　さらに，サプライチェーンの多様化は企業にとって必ずしも容易ではない。企業が海外にサプライチェーンを拡大する，つまり生産拠点や調達先，販売先を海外に展開する際には，様々なコストがかかるからだ。その時に，公的機関が海外の情報収集を請け負ったり，企業の商談会（オンライン含め）参加などビジネスマッチングに対して支援したりすることが有効であることは，多くのエビデンスで示されている（Makioka 2021; Van Biesebroeck, et al. 2016）。したがって，国内回帰のための補助金よりも，むしろこのような「つながり支援」をより重視すべきである。

　また，第2節でも述べたように，IPEF や SCRI などフレンドショアリングを促進するための様々な国際的な枠組みが構築され始めている。これらの枠組みに，企業に対する情報支援やビジネスマッチング支援を組み込んでいくことが，サプライチェーンの多様化・強靭化に有効だ。

　これらの政策的な支援の下で，日本企業は国内回帰だけではなく，中国依存を引き下げながら多様なサプライチェーンを構築することで，増大するサプライチェーン途絶のリスクに対応すべきだ。第2・3節で見たように，米中の分断は政策的にも現実の貿易関係的にも進んでおり，今後もますます激化していくと思われる。したがって，これまでとは別次元の対応が必要になってこよう。

2. 効果的な産業政策の観点から見た評価と提言

　第2節で紹介したように，日米欧中では，半導体産業をターゲットとした「産業政策」が行われている。前項では，サプライチェーンの強靭化という観点からは半導体生産拠点の国内誘致，国内整備だけでは十分でないことを述べたが，本項では産業育成の観点から評価と提言を述べたい。

　米中対立以降，特定産業をターゲットとした産業政策が各国の政策担当者に熱狂的に支持されているように見える。これは，経済学において産業政策が産業育成に効果的であると再評価され始めたことにも起因している。しかし，「産業政策」の定義は人によってまちまちであり，経済学において再評価されている産業政策と，現実に行われている産業政策とでは乖離がある場合が多いことに注意が必要だ。

　例えば，ハーバード大学ケネディスクールのロドリック教授らは「産業政策の再生」（Aiginger and Rodrik 2020）と題した論文を書き，産業政策を再評価した経済学者として認識されている。しかし彼らは，「今後の産業政策は，経済学者が伝統的に考えてきたようなトップダウンの政策形成，選ばれた特定産業のターゲティング，標準的な補助金やインセンティブの供与といった特徴を持つものではない」と述べており，特定産業のターゲティングを支持しているわけではない。さらに彼らは，「産業政策の新しい概念や実際では，トップダウンではなく，生産性や社会問題に対して公的機関と民間企業とが持続的に連携することを中心にすえるべきだ」とも言っており，政府が強力に主導する形での産業政策を肯定しているわけでもない。

　なお，産業政策の再評価は，近年の中国の高度成長が産業政策によるものだという考えにも基づいている。しかし，中国においてもターゲティングだけではその産業は発展せず，産業内での競争を担保しつつ補助金や優遇税制などの政策が実施されているときにこそ産業が発展したことが実証されている（Aghion, et al. 2015）。また，詳細な事例分析によっても，中国の産業政策は必ずしも成功しているわけではなく，例えば集積回路やロボット産業においては国内生産のシェアは政策目標を達成できていないことが示されている（丸川 2020）。ロドリック教授らも，韓国，中国，台湾が成功したのは「これらの

国が特定産業を優先し，重要技術を指定した」とは言え，「同時に開放的な経済，経済特区，外資企業にとって良好な環境など，市場経済の力を活用したからである」と述べている（Aiginger and Rodrik 2020, 202）。

　産業内の競争が産業発展に必要なのは，タイとマレーシアの自動車産業を比較するとはっきりする。両国は，自動車産業をターゲットとして一定の貿易規制を含む様々な政策を行ったことでは一致する。しかし，タイでは外資が積極的に導入されて，主に日系自動車メーカーが激しく競争していたのに対して，マレーシアでは国産車メーカー 2 社が特に優遇されて国内の競争に乏しかった。その結果，2021 年のタイの自動車生産台数は約 170 万台であり，世界 10 位であったのに対して，マレーシアは約 48 万台であり（OICA 2022），マレーシアの自動車産業はタイにくらべて後れを取ることとなった。

　戦後の日本の自動二輪車産業の経験も示唆的だ。二輪車産業は戦前には日本にほとんど存在していなかったが，1950 年頃から多くの参入が起き，1952 年には実に 120 社を超える二輪車メーカーが日本に存在した。その激烈な競争に勝ち残った数社によって，1960 年には早くも二輪車生産台数世界一を達成したのである（Yamaura et al. 2003）。

　これらのエビデンスや経験が示唆しているのは，現在行われているような，半導体産業をターゲットとして，特に特定の企業の生産拠点整備に対して巨額の補助金を供与するだけでは産業内の競争を妨げてしまい，産業育成に対して効果的でない可能性が高いことだ。半導体産業をターゲットとするとしても，少なくとも経済の開放性と企業間の競争を担保するような形で行われなければならない。

　そもそも半導体産業と言っても，半導体の生産には設計，ウェハ製造工程，前工程，後工程と様々な工程があり，またその素材や製造装置など関連する産業も多い。これらのすべてを日本国内で完結させるのはそもそも無理があり，これらの産業，工程の一部において日本企業が世界的な競争力を持ち，それ以外ではフレンドショアリングを通じてグローバルにサプライチェーンが構築されていることが，経済の効率性からは望ましい。

　したがって，半導体産業を幅広に捉えて，特定の企業に偏らずに支援を行っていくことが，競争を担保しつつ産業を育成するためには有効である。例えば

経済安全保障推進法では，半導体とはじめとするいくつかの産業について，政府に供給計画を提供することで企業が補助金や融資を受けられることになっている。この実施の際にも，詳細な計画を提供するのを厭わない少数の企業を手厚く支援するのではなく，より多くの企業を対象に支援していくべきだ。そうそれば，成長する産業，成長する企業は，政府によってではなく，マーケットによってより効率的に選抜されるはずだ。

　ただし，すでに TSMC やキオクシアなど数社に対して巨額の補助金が供与されようとしている現状では，さらにその補助金をより効率的に使う方法も考える必要がある。その1つの方法は，補助金を供与された企業から，そのサプライヤーや製造装置メーカー，顧客企業への技術や知識の波及を促進することだ。サプライチェーンを通じて技術や知識が波及することは，系列関係のような強いつながりでは顕著に見られる。これは，系列においては企業間の情報共有や技術指導，共同研究が活発に行われていることによる。また，外資企業からの技術の波及が地場企業の生産性を向上させることは，途上国だけではなく先進国でも多くのエビデンスがある。特に，外資からサプライヤーへの波及や研究開発を行う外資からの波及効果が大きいことが知られており，系列における観察とも合致する。

　補助金を供与された半導体メーカーからこのような技術や知識の波及があれば，日本経済全体に大きな効果が期待できる。したがって，半導体メーカーとサプライヤー，製造装置メーカーとの間の技術指導や共同研究開発を政策的に支援していくべきだろう。TSMC が誘致された熊本には，サプライヤーや製造装置メーカーの生産拠点が集積しようとしている。その際に，モノの取引だけではなく，技術や知識の波及もともなうような企業関係を促進するような政策，例えば地域内の産学連携を含めた共同研究に対する支援があれば，より高度な産業集積となり，広い意味での半導体産業の育成につながる。

　なお，特定産業をターゲットとした狭義の産業政策の効果については，前述のとおり経済学的な観点からは否定的な見方が多いが，広義の産業政策に含まれる研究開発支援が効果的であり，必要であることについては，経済学者の見方は一致している（Bloom 2019）。研究開発によって生み出された技術や知識はどうしても外に漏れてしまうために，市場経済では研究開発のインセンティ

ブがそがれてしまい，最適な経済成長が達成できないからだ。

　さらに，近年は技術が複雑化しており，企業間もしくは企業と大学との共同研究，つまりオープンイノベーションが技術開発の重要な手段となっている。共同研究によって企業のイノベーション力が高まり，しかも国際共同研究の効果は国内共同研究よりもはるかに大きいことがデータで実証されており（Iino, et al. 2021），企業間の共同研究，特に国際共同研究を支援することは産業育成には欠かせない。

　実は，近年の日米欧の政策パッケージの中に，半導体産業を含むハイテク産業での研究開発や国際共同研究に対する支援はすでに含まれている。米国CHIPS & Science 法に盛り込まれている予算には，半導体のサプライチェーン強靱化のための390億ドル以外にも，半導体産業での研究開発支援のための110億ドル，半導体産業での国際連携のための5億ドル，および人工知能（AI），量子コンピューター，バイオ技術，先端エネルギーなどの先端技術分野での研究開発支援や科学技術教育のための約2000億ドルも含まれている（White House 2022b）。米国は，生産拠点の国内誘致だけでは産業は発展せず，強靱なサプライチェーンも構築できないことがよくわかっているのだ。

　日本は，TSMC の生産拠点を熊本に誘致したばかりではなく，190億円の補助金を供与して半導体の3次元化のための研究開発拠点もつくばに誘致しており，日本の素材・装置メーカーや産業技術総合研究所，東京大学との共同研究も予定されている（経済産業省 2021）。さらに，第2節で述べた Rapidus 社は線幅2ナノメートル以下の先端半導体の製造を目指しているが，その開発はオープンな研究開発プラットフォーム LSTC（Leading-edge Semiconductor Technology Center）が担い，そこでは2022年5月に日米が交わした「半導体協力基本原則」（経済産業省 2022h）に基づき，日米の共同研究が行われる予定である。

　中長期的には，このようなイノベーション政策，特に「知的フレンドショアリング」ともいうべき友好国との国際共同研究を促進する政策こそが国内産業の国際競争力や強靱性を高めると考えられるため，より重視されるべきである。ただし，ここでも少数の企業だけが参画するのではない，オープンで競争的な知的ネットワークを構築することが望ましい。

第5節　要約と結論

　2022年になって半導体および電気電子機器産業における米中対立は本格化しており，今後もますます強化されることが予想される。日本もその他の国々もむろんそれに巻き込まれている。その結果，米中貿易や日中貿易は全体として必ずしも大きく減少しているわけではないが，半導体製造装置，集積回路，電気電子機器貿易においては，日米と中国との間の貿易は減少し始めており，日本企業はこれらの産業で今後も続くであろう分断に対処する必要がある。

　ただし，それに対して生産拠点の大規模な国内回帰だけで対応することは，経済の効率性からもサプライチェーンの強靭性からも好ましくない。中国依存は下げつつも，むしろ友好国にサプライチェーンを拡大していくフレンドショアリングによってこそ，安全保障に関わる海外のリスクや国内の災害など様々なリスクに対処できる強靭な経済を構築することができるはずだ。

　また，半導体産業をターゲットとして手厚い補助金を供与する「産業政策」は必ずしも産業育成に成功することが約束されているわけではなく，産業内での競争を保ちながら行われなければ効果が薄い。また，半導体の製造拠点を国内誘致するだけではなく，その製造拠点と国内のサプライヤーや製造装置メーカーとの技術連携を促進する政策や，半導体関連の研究開発拠点を誘致・支援して，日本の企業や大学との国際共同研究を促進する政策も重要だ。これらの政策は，長期的に日本の技術レベルを向上させ，グローバル・サプライチェーンの中での日本の地位を高めることで強靭性に寄与することになるからだ。

　このような政策支援の下，日本企業が閉鎖的にならずに国際的に切磋琢磨することで，日本経済が再起することを期待したい。

[参考文献]

日本語文献

安全保障貿易情報センター（CISTEC）（2022）米国による対中輸出規制の著しい強化について。https://www.cistec.or.jp/service/uschina/52-20221011.pdf（2022年11月21日閲覧）

経済産業省（2021）半導体戦略（概略）https://www.meti.go.jp/press/2021/06/20210604008/20210603008-4.pdf（2022年11月27日閲覧）

経済産業省（2022a）「みなし輸出」管理の明確化について。https://www.meti.go.jp/policy/anpo/law_document/minashi/meikakukanitsuite.pdf（2022年12月4日閲覧）

経済産業省（2022b）通商白書 2022。https://www.meti.go.jp/report/tsuhaku2022/index.html（2022年 11 月 21 日閲覧）

経済産業省（2022c）特定高度情報通信技術活用システムの開発供給及び導入の促進に関する法律。https://www.meti.go.jp/policy/mono_info_service/joho/laws/5g_drone.html（2022 年 11 月 21日閲覧）

経済産業省（2022d）経済産業省関係令和 3 年度補正予算・令和 4 年度当初予算のポイント。https://www.meti.go.jp/main/yosan/yosan_fy2022/pdf/01.pdf（2022 年 7 月 18 日閲覧）

経済産業省（2022e）認定特定半導体生産施設整備等計画。https://www.meti.go.jp/policy/mono_info_service/joho/laws/semiconductor/semiconductor_plan.html（2022 年 11 月 21 日閲覧）

経済産業省（2022f）サプライチェーン対策のための国内投資促進事業費補助金。https://www.meti.go.jp/covid-19/supplychain/index.html（2022 年 11 月 21 日閲覧）

経済産業省（2022g）次世代半導体の設計・製造基盤確立に向けて。https://www.meti.go.jp/press/2022/11/20221111004/20221111004-1.pdf（2022 年 11 月 27 日閲覧）

経済産業省（2022h）次世代半導体の設計・製造基盤確立に向けた取組について公表します。https://www.meti.go.jp/press/2022/11/20221111004/20221111004.html（2022 年 11 月 27 日閲覧）

ジェトロ（2021a）半導体自給率上昇を狙う中国（2）．地域・分析レポート．日本貿易振興機構。https://www.jetro.go.jp/biz/areareports/2021/f9b4d8dbb3868edc.html（2022 年 11 月 21 日閲覧）

ジェトロ（2021b）反 d の謡サプライチェーンの上流強化を目指す台湾．地域・分析レポート．日本貿易振興機構。https://www.jetro.go.jp/biz/areareports/2021/dbd0fa7223039355.html（2022 年11 月 25 日閲覧）

ジェトロ（2022）海外サプライチェーン多元化等支援事業。https://www.jetro.go.jp/services/supplychain/（2022 年 7 月 18 日閲覧）

内閣府（2022）経済施策を一体的に講ずることによる安全保障の確保の推進に関する法律（経済安全保障推進法）https://www.cao.go.jp/keizai_anzen_hosho/index.html（2022 年 11 月 21 日閲覧）

日刊工業新聞（2020）「ティア 3」の課題まで洗い出すトヨタの執念、コロナ化にも動じないサプライチェーンの強さを見た。ニュースイッチに転載。https://newswitch.jp/p/23329（2022 年 7 月18 日閲覧）

日本経済新聞（2021）TSMC がつくば市に拠点，半導体開発で日本勢にも恩恵。2021 年 2 月 9 日。https://www.nikkei.com/article/DGXZQOGM090MJ0Z00C21A2000000/（2022 年 8 月 11 日閲覧）

日本経済新聞（2022c）TSMC 誘致，国策拠点が始動　半導体 5000 億円支援を検証．2022 年 6 月 24日。https://www.nikkei.com/article/DGXZQOGM230BG0T20C22A6000000/（2022 年 8 月 11 日閲覧）

日本経済新聞（2022d）日米，次世代半導体の量産へ共同研究　国内に新拠点．2022 年 7 月 29 日。https://www.nikkei.com/article/DGXZQOUA273ZF0X20C22A7000000/（2022 年 8 月 7 日閲覧）

藤本隆宏，加藤木綿美，岩佐俊兵（2016）調達トヨタウェイとサプライチェーンマネジメント強化の取組み―トヨタ自動車調達本部　調達企画・TNGA 推進部 好田博昭氏 口述記録。東京大学ものづくり経営研究センター ディスカッションペーパーシリーズ，No. 487.

丸川知雄（2020）中国の産業政策の展開と「中国製造 2025」．『比較経済研究』，第 57 巻第 1 号，53-66 頁。

丸川知雄（2022）「中国製造 2025」後の産業技術政策，Science Portal China．科学技術振興機構．https://spc.jst.go.jp/experiences/special/circulation/circulation_2204.html（2022 年 11 月 21 日閲覧）

湯之上隆（2022）日本の前工程装置のシェアはなぜ低下？〜欧米韓より劣る要素とは。EE TimesJapan．2022 年 8 月 19 日。https://eetimes.itmedia.co.jp/ee/articles/2208/19/news038.html（2022

年 11 月 23 日閲覧)

英語文献

Aghion, P., Cai J., Dewatripont M., Du L., Harrison A., and Legros P. (2015). Industrial policy and competition. American Economic Journal: Macroeconomics, 7, 1-32.

Aiginger, K., and Rodrik D. (2020). Rebirth of industrial policy and an agenda for the twenty-first century. Journal of Industry, Competition and Trade, 20, 189-207.

Ando, M., and Hayakawa K. (2021). Does the import diversity of inputs mitigate the negative impact of COVID-19 on global value chains? The Journal of International Trade & Economic Development, 1-22.

Bloom N., Van Reenen J., Williams H. (2019). A toolkit of policies to promote innovation. Journal of Economic Perspectives, 33, 163-184.

European Union (2022). European Chips Act: Communication, Regulation, Joint Undertaking and Recommendation. https://digital-strategy.ec.europa.eu/en/library/european-chips-act-communication-regulation-joint-undertaking-and-recommendation (accessed February 11, 2022)

Federal Communications Commission (2022). FCC bans authorizations for devices that pose national security threat. https://www.fcc.gov/document/fcc-bans-authorizations-devices-pose-national-security-threat (accessed November 26, 2022)

Iino T., Inoue H., Saito Y. U. and Todo Y. (2021), How Does the Global Network of Research Collaboration Affect the Quality of Innovation?, *Japanese Economic Review*, 72, 5-48.

Inoue H. and Todo Y. (2022). Propagation of Overseas Economic Shocks through Global Supply Chains: Firm-level evidence, RIETI Discussion Paper, No. 2 -E-062, Research Institute of Economy, Trade and Industry.

Kashiwagi, Y., Todo Y., and Matous P. (2021). Propagation of economic shocks through global supply chains: Evidence from Hurricane Sandy. Review of International Economics, 29, 1186-1220.

Makioka, R. (2021). The impact of export promotion with matchmaking on exports and service outsourcing. Review of International Economics, 29, 1418-1450.

National People's Congress (2020). Export Control Law of the People's Republic of China. http://www.npc.gov.cn/englishnpc/c23934/202112/63aff482fece44a591b45810fa2c25c4.shtml (accessed July 13, 2022) https://www.jetro.go.jp/ext_images/_Reports/01/e92a59e82865d470/20210034_03.pdf（日本語訳）

OICA (2022). 2021 Production Statistics. International Organization of Motor Vehicle Manufacturers. https://www.oica.net/category/production-statistics/2021-statistics/ (accessed November 27, 2022)

Todo, Y., Oikawa K., Ambashi M., Kimura F., and Urata S. (2022). Robustness and Resilience of Supply Chains During the COVID-19 Pandemic. forthcoming in the World Economy.

United Kingdom Government (2020). 5G Supply Chain Diversification Strategy. https://www.gov.uk/government/publications/5 g-supply-chain-diversification-strategy (accessed February 11, 2022)

U.S. Department of Commerce (2022). Commerce Implements New Export Controls on Advanced Computing and Semiconductor Manufacturing Items to the People's Republic of China (PRC). https://www.bis.doc.gov/index.php/documents/about-bis/newsroom/press-releases/3158-2022-10-07-bis-press-release-advanced-computing-and-semiconductor-manufacturing-controls-final/file (accessed November 21, 2022)

U.S. House of Representatives (2012). Investigative Report on the U.S. National Security Issues Posed by Chinese Telecommunications Companies Huawei and ZTE. October 8, 2012. https://republicans-intelligence.house.gov/sites/intelligence.house.gov/files/documents/huawei-zte%20investigative%20report%20(final).pdf (accessed November 23, 2022)

Van Biesebroeck, J., Konings J., and Volpe Martincus C. (2016). Did export promotion help firms weather the crisis? Economic Policy, 31, 653–702.

White House (2021). Building Resilient Supply Chains, Revitalizing American Manufacturing, and Fostering Broad-Based Growth: 100-Day Reviews under Executive Order 14071. https://www.whitehouse.gov/wp-content/uploads/2021/06/100-day-supply-chain-review-report.pdf (accessed February 11, 2022)

White House (2022a). Executive Order on America's Supply Chains: A Year of Action and Progress. https://www.whitehouse.gov/wp-content/uploads/2022/02/Capstone-Report-Biden.pdf (accessed July 28 2022b).

White House (2022b). FACT SHEET: CHIPS and Science Act Will Lower Costs, Create Jobs, Strengthen Supply Chains, and Counter China, Statements and Releases, August 9, 2022. https://www.whitehouse.gov/briefing-room/statements-releases/2022/08/09/fact-sheet-chips-and-science-act-will-lower-costs-create-jobs-strengthen-supply-chains-and-counter-china/ (accessed August 11, 2022)

Yamamura, E., Sonobe T., and Otsuka K. (2003). Human capital, cluster formation, and international relocation: the case of the garment industry in Japan, 1968–98. Journal of Economic Geography, 3, 37–56.

（戸堂康之）

第4章

半導体サプライチェーンと
国際通商法[1]

第1節　はじめに

　デジタル化の進展に伴い，個々の機器・装置の情報処理機能等を担う半導体が国の産業競争力を左右するという認識が高まっている。半導体の重要性それ自体は1960年代後半頃から既に認識されていたものの，近年，各国の間でこれまで以上に危機感が高まっている理由として，西側諸国と価値観を共有しない中国の急速な経済成長により，半導体の確保が，経済のみならず各国の安全保障にも関わるという認識が共有されたことが挙げられる（太田 2021, 12-19）。そのため，日米欧を始めとする各国は，近年，輸出管理を始めとする各種法的ツールの強化を行うことで，半導体を含む先端技術が中国等の手に渡らないよう様々な手段を講じている。

　本章においては，半導体サプライチェーンを巡る米国および日本の国際通商法分野における動きを概観し，今後の動向を考察することとしたい。紙幅の都合上，日米のすべての措置について論じることができなかったことはもちろん，同じく重要であるEUや中国等の措置についても触れることができなかった点について，予めお断りしておきたい。

第2節　米国

1. 輸出管理

　米国における（武器品目および原子力品目以外の）汎用品の輸出管理は，輸出管理規則（EAR）に基づき，商務省産業安全保障局（BIS）により実施される。2001年の輸出管理法（EAA）の失効により，しばらくの間は国際緊急経済権限法（IEEPA）がEARの根拠法となっていたが，2018年8月に，2019会計年度国防権限法の一部として新たに輸出管理改革法（ECRA）が制定され，以降はECRAがEARの根拠法となっている。

　米国は，歴史的に輸出管理を自国の外交政策上の目的実現のためのツールとして積極的に活用してきた。元々，輸出管理は，第一次世界大戦時の1917年対敵通商法，および，太平洋戦争の開戦が目前に迫った時期に日本を始めとする枢軸国側に対する物資の輸出を規制するため，「平時における民生品および軍事的に重要な物資」の輸出規制権限を時限的に大統領に付与した1940年輸出管理法に端を発しており，当時においては，これらの政策は戦時における一時的な統制措置であると広く理解されていた（小野 2021a, 43）。ところが，戦後の東西冷戦が深まる中，1949年のソ連および中国を始めとする共産圏に対する輸出管理のための国際組織である「対共産圏輸出統制委員会（ココム）（Coordinating Committee for Multilateral Export Controls）」の設立と合わせ，平時における民生品の輸出管理を法制化する1949年輸出管理法が制定された。その後，輸出管理は米国の外交政策上の目的に応じて柔軟に運用されるようになり，その時々の米ソ間および中ソ間の外交関係に対応して，対中輸出管理が強化されたり，緩和されたりしてきた（小野 2021b, 87）[2]。その意味において，米国の輸出管理規制は，純粋な技術的観点のみならず，他国に対して何らかの意図を持って経済的手段を用いて影響力を行使するという，いわゆる「エコノミック・ステイトクラフト」（鈴木 2022）の観点からも運用されてきた歴史がある。

　EARの規制対象品目は，（a）米国内にあるすべての品目，（b）米国外にあ

るすべての米国原産品目，(c) 米国原産品目を一定割合組み込んだ非米国産の
品目（ただし，一部品目については割合の制限なし），(d) 米国外で製造され
た米国原産の技術またはソフトウェアの直接製品，(e) 米国原産の技術または
ソフトウェアの直接製品である米国外の工場で作られた直接製品，の5つであ
る（15 C.F.R. §734.3 (a)）。このうち，(b)-(e) の品目については，米国外
からの輸出または再輸出には，原則として BIS の輸出許可が必要となる（15
C.F.R. § 736.2 (b) (1)-(3)）。これは，米国外において米国民以外の者が行う
場合にも規制対象となることから，一般に米国法の域外適用の一形態と考えら
れているところ（松下 2022）[3]，この違反には，100 万ドル以下の罰金または
20 年以下の懲役およびその両方が科されうるほか（50 U.S.C. § 4819 (b)），
悪質な違反者は「取引禁止対象者リスト（Denied Persons List）」等に掲載さ
れ，米国との取引が事実上禁止されてしまうリスクがあるため（15 C.F.R.
Supplement No. 2 to 764），取引を行う者にとって順守する強いインセンティ
ブが働くこととなる。

　以下で述べるように，米国は，半導体製造プロセスにおいて最上流に位置す
る設計ツールを Synopsys 社や Cadence 社といった米国企業が押さえていると
ともに，中流における製造機器の4割強を Applied Materials 社や LAM
Research 社などの米国企業が占めていることを梃子として，輸出管理規制を
域外適用することによって，中国を始めとする主要競争相手国が先端半導体等
を入手することを防いできた。そして，日欧などの友好国に対しては，米国輸
出管理規制への同調を求める一方（日本経済新聞 2022），友好国への半導体そ
のものの輸出収入に加え，標準必須特許を押さえることによりそれらの国から
技術ライセンス収入を得ることによって利益を確保する（経済産業省 2021,
6-9），という二重の戦略を実施してきたと評価できる。

　前者については，まずトランプ政権下の 2018-2020 年にかけて，① 中国の
半導体（DRAM）メーカーである福建省晋華集成電路（JHICC）のエンティ
ティリストへの追加（2018 年 10 月）（BIS 2018），② 中国通信機器大手の
ファーウェイのエンティティリストへの追加（2019 年 5 月）（BIS 2019），③
ファーウェイ関連企業 38 社のエンティティリストへの追加（2020 年 8 月）
（BIS 2020a），④ 中国の半導体製造大手の中芯国際集成電路製造（SMIC）を

含む 77 社のエンティティリストへの追加（2020 年 12 月）（BIS 2020b）といったように，中国の半導体関連企業のエンティティリストへの追加が矢継ぎ早に実施された。エンティティリストに掲載された場合，米国民または第三国民が，リストに掲載された品目（通常は EAR 規制対象の全品目）を BIS の許可なくリスト掲載企業に輸出・再輸出・（国内）移転することが禁止され，その際の BIS による許可方針も「原則不許可（presumption of denial）」またはケースバイケースの判断となり（15 CFR §744.16），米国輸出管理規制が適用される製品・技術等について，リスト掲載企業への輸出・再輸出等が認められなくなる可能性が高くなる[4]。こうした動きはバイデン政権においても継続しており，2021 年 6 月に新疆ウイグル自治区の工業用シリコン等の製造企業であるホシャイン・シリコン・インダストリー社等 5 社がエンティティリストに追加されるとともに（BIS 2021a），2022 年 10 月にはフラッシュメモリーの主要中国国有企業である長江メモリ（YMTC）が未検証リスト（UVL）[5]に追加された。

　上記の各種リストへの掲載に加えて，2020 年 5 月と 8 月には「直接製品ルール」と呼ばれるルールを改正し，前述の（d）または（e）の直接製品について，それがファーウェイ等の企業の製品や部品などに組み込まれること，あるいはファーウェイ等の企業が取引の当事者であることを知っている場合に当該取引が新たに許可対象となり（15 C.F.R. §736.2 (3) (vi)），ファーウェイおよびその関連企業が，台湾や韓国等を通じて最先端の半導体等を入手することができないようにした（BIS 2020a）。さらに 2022 年 8 月には，先端半導体の製造に必要な電子コンピュータ支援設計（ECAD）ソフトウェアと半導体基板材料 4 品目を新たに EAR 規制対象にするとともに（BIS 2022a），同年 10 月には，① 輸出者を問わず，中国の先端半導体工場[6]での IC 開発・製造に使用されることを知っている場合または知り得る場合における EAR 対象品目全般（EAR99 品目を含む）[7]の輸出・再輸出・（国内）移転の許可対象への追加（「原則不許可（presumption of denial）」の方針で審査される）（15 C.F.R. §744.23 (a)），② 「米国人（US persons）[8]」による，中国の半導体工場での IC 開発・製造に使用される EAR 対象外品目の中国へのまたは中国国内での出荷・移送・移転若しくはそれらの支援・サービス提供の許可対象への追加（15 C.F.R.

§744.6（c）），③ 米国製機器・技術・ソフトウェアを活用した直接製品であっ
て，先端コンピューティング用の一定の半導体等について，（a）それが中国向
けであること等や，（b）中国企業等によって開発された技術であって，マス
ク，ウェハー，または半導体のダイのためのものであること，を知っている場
合または知り得る場合における再輸出・（国内）移転の許可対象への追加（15
C.F.R.§734.9（h）），といった中国向け半導体関連品目の輸出管理の大幅強化
がなされた（BIS 2022c）。

　近年米国が，特に中国を念頭に，このように半導体に関する輸出管理規制を
大幅に強化している背景として，様々な民生用機器およびインフラ設備に関す
る中国の技術力が向上し，それらを動かす先端半導体の入手それ自体を防がな
い限り，IoT 時代の各種インフラの主導権を中国に握られてしまい，ひいては
西側諸国の安全保障が脅かされる恐れが現実化つつあるという事実が存在す
る。例えば，前述のとおり，BIS がファーウェイをエンティティリストに追加
し，ファーウェイ向けの直接製品ルールの拡大適用を行った 2019-20 年頃にお
いては，無線通信のマクロセル基地局の世界市場におけるシェアはファーウェ
イが30.8％で首位，ZTE が10.7％と 4 位で，特にファーウェイは 2009 年の
12.8％から大幅な伸びを示しており，さらに市場シェアを拡大していた状況に
あった（総務省 2020, 77-78）。米国におけるファーウェイ向けの半導体の輸
出管理強化は，中国の産業政策の根幹を担っていると考えられたファーウェイ
が，5G を始めとする最先端の通信インフラを世界に普及させていくことを防
ぐ狙いがあった。

　同じように，2022 年 10 月の中国向け先端半導体の輸出管理規制の抜本強化
の直接的な理由は，「機微な技術が中国軍に活用されることを防ぐため」であ
るとされているものの（BIS 2022b），その対象範囲の広範さを考えれば，中国
企業による最先端の半導体の入手それ自体を困難にすることで，より直截に中
国の産業競争力向上を防ぐ狙いがあるものと考えられる。この点，前述の① ・
② により，米国人による中国へのまたは中国国内での出荷・移送・移転につ
いては，EAR 規制対象品目はもちろん，EAR 規制対象外品目も広範に規制
されるようになったとともに，③ により，第三国からの再輸出等についても，
直接製品ルールを大幅に強化することで広範な網がかけられることとなった。

そして，法的にこうしたことが可能であるのは，(a) 前述のとおり米国の輸出管理規制が第三国からの再輸出等にも域外適用されることと，(b) 米国のSynopsys社，Cadence社，およびSiemens EDA社[9]が，半導体の設計に用いるEDAソフトウェア市場の世界シェアの78％を占めており（CISTEC事務局 2022, 7），また半導体の製造に不可欠な機器の41.7％を米国企業（Applied Material社，LAM Research社，KLA Corporation社等）が押さえていることから（The White House 2021, 49-52），米国外で製造される半導体の多くを米国技術・ソフトウェアの直接製品として規制することができるためである[10]。このように，半導体サプライチェーンの最上流に当たる設計ツールと中流における製造機器の大半を米国が押さえていることが，米国の経済安全保障戦略にとって極めて大きな意味を有しているということができる。

2.　税関における執行強化

　米国は，1930年関税法（通称「スムート・ホーリー法」）第307条（19 U.S.C. § 1307）において，外国において違法労働，強制労働，または制裁を伴う契約労働（「強制労働等」）によって生産・製造等されたすべての品目の米国への輸入を禁止している。これを受け，米国税関・国境警備局（U.S. Customs and Border Protection: CBP）長官は，強制労働等によって生産・製造等された商品が輸入されている，または輸入される可能性があるという，決定的ではなくとも合理的な疑いのある情報を入手した場合には，全米各税関に対し，当該商品の輸入許可を保留する「違反商品保留命令（WRO）」を発出することができ，各税関はWROに明示された輸入品の輸入を一時的に保留することができる（19 C.F.R. § 12.42 (e)）。さらにCBP長官は，当該品目が強制労働等を用いて生産・製造等されたことの相当な理由（probable cause）があると判断した場合には，その旨の認定（finding）を公表する（19 C.F.R. § 12.42 (f)）。この認定とWROとの主な違いの1つは，前者では強制労働等によって生産・製造等されたことが正式に認定されているため，一度税関で輸入が差止められた場合には，当該保留の解除が認められない限り，当該品目を米国外に再輸出することもできない点にある（19 C.F.R. § 12.44 (a) および (b)）。

　2019 年 9 月以降，新疆ウイグル自治区に関連した WRO が合計 11 件発出されているところ[11]，例えば，2020 年 7 月には「ロップ郡・美馨髪製品有限公司」に対する WRO に基づき，複数の米国企業による約 13 トン，80 万ドルに及ぶ髪製品の輸入が差止められ，同年 10 月には「伊利卓湾服装制造有限公司（Yili Zhuowan Garment Manufacturing Co., Ltd.）」および「保定市緑葉碩子島商貿有限公司（Baoding LYSZD Trade and Business Co., Ltd）」に対する WRO に基づき，米国企業による婦人用アパレル製品の輸入が差止められた。これらの事例は，米国における強制労働等を理由とした税関における執行強化の動きを示していた。

　そうした中，2021 年 12 月に，上記の対応をさらに強化する「ウイグル強制労働防止法（UFLPA）」が成立し，2022 年 6 月より施行された。同法は，①中国新疆ウイグル自治区で「一部または全部が採掘，生産，または製造された」，または，②同法において作成が求められているリストに掲載された企業により生産された，すべての物品について，それらを強制労働等を用いて作られたものと推定するとともに，輸入者が，それらの物品が強制労働等を用いて作られたものでないという「明白かつ確信を持つに足る証拠」等を示さない限り，米国への輸入を禁止するものである。その後，CBP が公表したガイダンスにおいては，自らのサプライチェーンにおいて強制労働等が用いられていないことを合理的に示す高度なデューデリジェンスを実施すること等が推奨されている（U.S. Department of Homeland Security 2022, 41-48）。

　このような米国税関における執行強化は何を意図しており，半導体サプライチェーンの観点からどのように評価されるべきであろうか。いくつかの可能性として，第一に，UFLPA 成立前年の 2021 年 6 月に，バイデン政権になって初めての中国関連の WRO であるホシャイン・シリコン・インダストリー社を対象とした WRO が発出されている点から示唆されるように，米国政府には，人権侵害を表向きの理由として，米国企業および非米国企業の双方に対し，中国製の素材（ポリシリコン等）を用いることへの警告を発する意図があった可能性がある[12]。第二に，UFLPA は新疆ウイグル自治区を対象とした法律であるものの，法構造としては，将来的な法改正により人権侵害を理由として中国の他の地域からの輸入の差止めも可能としうることから，半導体の素材に留ま

らず，より広範な半導体関連製品等のグローバルサプライチェーンから中国企業を排除することに真の狙いがある可能性も完全には否定できない。いずれにせよ，今後の UFLPA の執行状況を注視することが必要であろう。

3. サプライチェーン強化に向けた調査／支援措置

　米国バイデン政権は，政権発足直後の 2021 年 2 月 24 日に大統領令 14017 号を発出し，関連省庁に対して，① 半導体製造・先端パッケージング（商務省），② 大容量蓄電池（エネルギー省），③ 重要鉱物（国防総省），④ 医薬品およびその原材料（保健福祉省），の 4 分野におけるサプライチェーン上のリスクの特定と，そうしたリスクを低減するための政策提言を指示した[13]。これを受け，同年 6 月 4 日には 250 頁に及ぶ報告書（「100 日レビュー」）がホワイトハウスから公表された。半導体分野の 100 日レビューにおいては，① 設計段階における米国の半導体エコシステムは堅固かつ主導的地位にあること，② 一方，製造段階においては，特に最先端ノードにおける製造能力を欠いており，台湾，韓国，中国の工場に依存している上，完成品の販売も中国に偏っていること，③ 組立・検査・パッケージング段階においては，アジア地域に依存していることがリスクであるとともに，中国がポリシリコン市場における支配力を強化している点にもリスクがあること，④ 製造機器においては米国企業が大きなシェアを有しているが，台湾や中国，韓国などの製造工場への販売に依存しており，また中国が製造機器メーカーに多額の補助金を拠出している点がリスクであること，などが指摘されている。

　また，上記と併せ，2021 会計年度国防権限法第 9904 条（15 U.S.C. §4654）において，グローバルサプライチェーンや諸外国との相互依存関係なども踏まえた上で，米国の産業基盤が国防を支える能力を評価すべきことが商務長官に義務付けられ，これに基づき，2021 年 9 月に商務省から，米国で半導体を製造・販売等する広範な企業に対し調査票の送付がなされた（BIS 2021c）。この調査は，米国の管轄権に服する者で米国商務省が必要かつ適切と判断したあらゆる者に対して行うことができ（50 U.S.C. §4555 (a)），適用除外申請が認められない限り回答が義務とされ[14]，故意に回答しなかった場合には 1 万ドル以

下の罰金若しくは 1 年以下の懲役またはその併科といった刑事罰が科される可能性がある（50 U.S.C. §4555（c））。調査内容は，製品の売上やコストの詳細，将来の計画，個々のサプライヤーの名前などを含む広範なものであり[15]，個々の回答結果は公表されないものの，米国政府に対する情報流出が懸念されることから，回答内容については慎重に検討を行う必要がある[16]。

　このように，半導体分野の各段階における米国および諸外国の競争力と潜在的リスクを調査・分析した上で，必要な支援措置等を定める法案の検討が行われ，2021 年 6 月に超党派による「イノベーション・競争法案」が上院を通過し，2022 年 2 月に民主党主導の「米国競争法案」が下院を通過した後，両院協議会を経て，2022 年 8 月に，それらの法案の一部を取り出した「CHIPS・科学法」（CHIPS: Creating Helpful Incentives to Produce Semiconductors）が成立した（内田 2022）。同法は上下両院で合意できる分野を一部取り出して合意したものであり，上院案は 2000 頁を超えていたが，同法は 390 頁強に過ぎない。しかしながら，半導体分野における支援措置は上院案から一貫して維持されており，5 年間で約 390 億ドル（約 5 兆 5000 億円）に上る半導体の製造・組立・検査・先端パッケージング分野等に対する金融支援措置や，研究・開発分野への約 110 億ドル（約 1 兆 5000 億円）もの支援措置等が盛り込まれた。レモンド商務長官は，2023 年 2 月頃までに企業からの支援措置の申請受付を開始し，同年春には補助金の交付を始めたい旨の意向を示しているところ（日本貿易振興機構 2022），同法の成立を受け，例えば，インテル（オハイオ州の先端半導体製造工場の新設に最大 200 億ドルを投資），マイクロン（ニューヨーク州の DRAM メモリ製造工場の新設に最大 1,000 億ドルを投資），IBM（ニューヨーク州に 200 億ドルの半導体関連投資），などが米国内への新規投資を発表した[17]。

　「CHIPS・科学法」による半導体分野への各種支援措置は，米国企業のみならず外国企業も受けることが可能であるが，米国外における半導体工場の建設，改装，改良などに用いることはできず，仮に定められた目的以外に使用した場合には返還が求められる可能性がある（U.S. DOC 2022, 9：13-14）。また，同法の支援を受けた企業等は，受領から 10 年間，中国および他の懸念国における半導体製造能力の重大な拡大に関連する大規模な取引への関与（旧世代の

半導体の製造等を除く）を行わない旨の合意を米国商務省と締結しなくてはならない旨の規定も盛り込まれており（Sec. 103（a）（6）（C）），こうした長期間の制約を受け得る点も加味すると，米中両国においてビジネスを行う企業等においては，新たな支援措置の申請を行うべきか否かについて，慎重に検討を行う必要がある。

第3節　日本

1. 輸出管理

　日本における汎用品の輸出管理は，外国為替および外国貿易法（外為法）に基づいて定められ，経済産業省貿易経済協力局貿易管理部において実施される。外為法の目的は，対外取引に対し必要最小限の管理・調整を行うことにより，国際収支の均衡と通貨の安定を図り，我が国経済の健全な発展に寄与すること（1条）であるとされており，1949年の立法時においては「対外取引原則禁止」が建前となっていたが，1980年に対外取引を原則自由とする法体系に改められ，1998年には事前の許可・届出制度を原則として廃止し，欧米並みの自由化が実現した（財務省 2022）。

　日本の輸出管理の仕組みは，大きく，①リスト規制と，②キャッチオール規制の2つに分かれている。①のリスト規制は，軍事転用可能な汎用品をリスト化し[18]，当該リスト指定された物の輸出や技術・プログラムの非居住者等への提供に経済産業大臣の許可を求めるものである（外為法48条，25条）。日本や米国，英国，ドイツ，フランス，オーストラリア，カナダ，韓国等は，ワッセナー・アレンジメント（通常兵器，デュアルユース品目），原子力供給国グループ（核兵器関連品目），オーストラリアグループ（生物・化学兵器関連品目），ミサイル技術管理レジーム（ミサイル，無人航空機）の4つの国際輸出管理レジームに参加しており，それらの国際レジームで決定された品目をリストに掲載し，輸出管理品目として規制を行っている。さらに，米国においては，こうした国際レジームに基づく輸出管理品目に加えて，様々な米国独自

の輸出管理品目も定めているため，一般的に，日本のリスト規制品目よりも米国のリスト規制品目の方が広範囲であると言うことができる（日本機械輸出組合 2020, 3）。半導体関連品目としては，例えば，2019 年 7 月に韓国向けの輸出管理強化（経済産業省 2019）の対象品目となった半導体関連素材（フッ化水素，レジスト，フッ化ポリイミド）3 品目が輸出貿易管理令別表第一の五の項で，半導体製造装置，半導体基板，レジスト等が七の項で，それぞれ規制されている。一方，②のキャッチオール規制は，上記のリスト規制品目に該当しないもののうちで，大量破壊兵器等の開発等に用いられるおそれのある品目について，経済産業省から許可申請をするように通知を受けた場合（インフォーム要件），または用途・需要者からそれらの懸念があると判断される場合（客観要件）に，経済産業大臣の許可を求めるものである（輸出貿易管理令 4 条 1 項 3 号，同別表第一の一六の項）。

　日本企業における輸出管理の意識が向上する契機となったのが，1987 年に発生した「東芝機械ココム違反事件」であった。これは，東芝が 50.1％を出資していた東芝機械が，1982 年から 1984 年にかけて，当時の通商産業省に対し虚偽の輸出許可申請を行ってソ連に工作機械を輸出したことが米国政府により日本政府に知らされて外交問題化し，外為法違反で同社および同社幹部 2 名が有罪判決を受けたという事件である。これにより，輸出入関連取引を行う日本企業において外為法遵守のための内部コンプライアンス体制が強化されることとなった。その後，1991 年の東西冷戦の終結と，それに引き続く 1996 年の新たな輸出管理国際レジームである「ワッセナー・アレンジメント」の成立により，特定国を対象とせず，個々の取引の安全保障上の懸念に係る判断を各国の裁量に委ねるという国際取引に重点を置いた輸出管理システムが構築され，近年までそうした思想に基づく輸出管理が行われてきた（産業構造審議会 2021, 4-6）。しかしながら，米中対立の深刻化に伴う安全保障環境の変化と，「経済と安全保障の一体化」とも言える現象により，既存の国際輸出管理レジームに基づく輸出管理のみでは機動的かつ柔軟性のある輸出管理が困難であるという認識が高まり，現在は国際輸出管理レジームを重視しつつも，技術分野毎に価値観を共有する同志国間の連携強化を図っていく方向で機微技術の管理が行われるようになっている（産業構造審議会 2022, 44）。現に，前述の

米国における本年10月の中国向け半導体関連品目の輸出管理の大幅強化に関連し，米国レモンド商務長官が「先端半導体の対中輸出規制について日本も追随するだろう」と発言した点を記者会見で問われた西村経済産業大臣は，「アメリカを含む各国の規制動向等を踏まえて，これは引き続き適切に対応していきたい」「外交上のやり取りでありますのでお答えは控えたいと思いますが，さまざま意思疎通を図っております」と回答し（経済産業省 2022a），日本においても米国における対中輸出管理厳格化を踏まえた対応を検討していることを明らかにした。

　日本はこれまで，2019年7月に行われた韓国向け輸出管理の大幅見直しを除き，全体として，ワッセナー・アレンジメントを始めとする国際輸出管理レジームを重視し，日本独自の輸出管理措置の導入に対しては慎重な姿勢を示してきたが（産業構造審議会 2021, 8-9），昨今の国際情勢に鑑みれば，引き続き世界の中で高い競争力を保持している半導体材料（シリコンウェハ，レジスト，フォトマスク，バルクガス，ダイシングテープ，基盤，セラミックパッケージ等）および半導体製造装置（CVD/ALD/スパッタ装置，コータデベロッパ，描画装置，エッチャー，CMP装置，洗浄装置，ダイシングソー，ICテスタ等）の両分野における日本独自の輸出管理措置導入の可能性を完全に排除すべきではない[19]。また，2022年5月に施行された「みなし輸出管理の明確化」（大川 2021）および「輸出管理内部規程（CP）の改正」のように，現行外為法の執行強化を通じて対応できる部分については，諸外国に比して緩い部分はもちろん，諸外国と比してより厳格となり得る部分についても，積極的に対応を検討していくべきである。

2.　経済安全保障推進法

　本章で繰り返し述べているように，半導体サプライチェーンの問題は各国の安全保障に直結する。この観点から，2021年10月の岸田政権の発足に際して初めて経済安全保障担当大臣が置かれ，2022年5月には「経済施策を一体的に講ずることによる安全保障の確保の推進に関する法律（経済安全保障推進法）」が成立した。しかしながら，そもそも「経済安全保障」とは何かという

点については，必ずしも明確なコンセンサスがあるとは言えない（高宮ほか 2021, 54；佐橋ほか 2022, 9）。ここでは，次の二点を指摘しておきたい。

　第一に，「経済安全保障」の概念をどう捉えるかについては，大きく，①「経済」それ自体の安全を確保するものだという考え方と（ここでは「目的説」と呼ぶ），②「経済」を通じて国家安全保障そのものを確保するものだという考え方（ここでは「手段説」と呼ぶ）とがあり得るところ，経済安全保障推進法は「経済安全保障」という用語を用いず，その中に定義規定も設けられなかったものの，「安全保障の確保に関する経済施策として，（中略）を創設することにより，安全保障の確保に関する経済施策を総合的かつ効果的に推進すること」が法目的であると明記され（第1条），日本政府として，手段説を採用することが明らかにされた。このことは，「経済」が「安全保障」よりも価値的に一段劣位に置かれ，「安全保障」を確保するための一手段として用いられることを含意しているが，同時にこの点は，「経済を害する＝コストが膨大になる」ことが，直ちには経済安全保障を推進する施策の実施に影響を与えないことをも意味しているものと考えられる[20]。そのため，過度にコストを度外視した法運用に陥るリスクを避けるべく，同法の外延をできる限り明確化していく努力が続けられるべきであろう。

　第二に，「経済安全保障」の概念のより機能的な説明として，自由民主党新国際秩序創造戦略本部が提唱した「戦略的自律性」と「戦略的不可欠性」という概念が有用である。自由民主党の提言においては，「経済安全保障」について「わが国の独立と生存および繁栄を経済面から確保すること」と定義するとともに，経済安全保障を具体的に考えていくに当たっての重要な考え方として，「わが国の国民生活および社会経済活動の維持に不可欠な基盤を強靭化することにより，いかなる状況の下でも他国に過度に依存することなく，国民生活と正常な経済運営というわが国の安全保障の目的を実現すること」を意味する「戦略的自律性」と，「国際社会全体の産業構造の中で，わが国の存在が国際社会にとって不可欠であるような分野を戦略的に拡大していくことにより，わが国の長期的・持続的な繁栄および国家安全保障を確保すること」を意味する「戦略的不可欠性」という概念を導入した（自由民主党新国際秩序創造戦略本部 2020, 3-4）。両者の関係性については，前者を「守り」，後者を「攻め」

と捉えることも可能であるが，むしろ両者は密接不可分であり，厳密にどちらがどっちと観念論的に考えるよりは，国際的なサプライチェーンにおけるチョークポイントを日本および信頼できる同盟国が如何に押さえていくべきか，という観点から具体的に考えていくことが重要であると思われる。

　その上で，経済安全保障推進法は，①重要物資の安定的な供給の確保に関する制度，②基幹インフラ役務の安定的な提供の確保に関する制度，③先端的な重要技術の開発支援に関する制度，④特許出願の非公開に関する制度，の4つの制度を創設したが，半導体サプライチェーンの観点からは，特に①と③が重要である。①は，政令により指定された「特定重要物資」およびその原材料等の安定供給を図ろうとする者が，生産基盤の整備，供給源の多様化，備蓄，生産技術開発，代替物資開発といった取組を記載した「供給確保計画」を作成し，主務大臣に提出して認定を受けることにより（9条），(a) 取組への助成金の交付（31条3項1号），(b) 当該事業者へ融資を行う金融機関への利子補給（31条3項2号），(c) 日本政策金融公庫による指定金融機関を通じた資金供給（いわゆる「ツーステップローン」）（14-19条），(d) 中小企業が供給確保事業を行うために設立する株式会社が発行する株式の引受け等（27条），(e) 中小企業に対する信用保険の付保（28条），といった各種支援措置を受けることを可能とするものである。政令で指定される特定重要物資には半導体を含む11物資が候補として挙げられており（経済安全保障法制に関する有識者会議 2022, 1），信越化学やSUMCO，JSR，フジミ，昭和電工，富士フィルムなどの半導体材料メーカー，東京エレクトロンやSCREENを始めとする半導体製造装置メーカー，あるいはNAND型メモリーを製造するキオクシア，パワー半導体を製造する三菱電機や東芝，イメージセンサーで圧倒的なシェアを持つSONY，ダイサーの8割のシェアを持つディスコなど，数多くの日本企業が活用しうるものと考えられる。

　また，③の制度は，国の資金により行われる「特定重要技術」の研究開発等について，その資金を交付する大臣（研究開発大臣）が，「特定重要技術研究開発基本指針」に基づき，個別プロジェクトごとに，研究代表者の同意を得て協議会を設置し，必要と認める者をその同意を得て構成員として追加し（62条1-3項），当該協議会において，研究開発の推進に有用なシーズ・ニーズ情

報の共有や社会実装に向けた制度面での協力（必要な規制緩和），国際標準化
の検討といった事項について協議を行うというものである（62 条 4 項）。2022
年 9 月 30 日に閣議決定された基本指針においては，協議会の対象となる技術
分野として，「マイクロプロセッサ・半導体技術」や「先端材料科学」など，
半導体関連の技術分野が複数挙げられている（内閣府 2022, 7）。

　上記のように，経済安全保障推進法においては，幅広い半導体関連の製品・
部素材・技術等について，研究開発から製造に至るまで国が支援する枠組みが
設けられた。こうした試みが成功するか否かは，今後，政府と企業，および企
業同士がどれだけ協調できるかにかかっているものと考えられるが，こうした
新たな法的枠組が極めて迅速に構築されたこと自体は，高く評価すべきものと
考えられる。

3. サプライチェーン強化

　半導体サプライチェーンの強化に向けて，上記の経済安全保障推進法に基づ
く措置に加え，特に 2021 年以降，日本政府は以下のような措置を講じてきた。
　第一に，2021 年 12 月に「特定高度情報通信技術活用システムの開発供給お
よび導入の促進に関する法律（5G 促進法）」を改正し，先端ロジック等の半導
体の製造事業者を複数年度に渡って支援できる法的枠組みを構築した上で[21]，
令和 3 年度補正予算において予算を確保し，これまでに，① TSMC，ソニー，
デンソーが出資する JASM 株式会社による，熊本県におけるロジック半導体
製造工場の建設に係る計画の認定（2022 年 6 月。最大助成額は 4,760 億円），
② キオクシアとウェスタンデジタルが出資する Flash Partners 有限会社等に
による，三重県における 3 次元フラッシュメモリーの製造に係る計画の認定
（2022 年 7 月。最大助成額は 929.3 億円），③ マイクロンによる広島県におけ
る DRAM 製造設備の量産に係る計画の認定（2022 年 9 月。最大助成額は
464.7 億円），を行った[22]。
　第二に，2021 年 5 月に，国立研究開発法人産業技術総合研究所（産総研）
の茨城県つくば市におけるクリーンルームにおいて，TSMC および様々な日
本の半導体材料・装置メーカー，大学・研究機関などが協力し，半導体デバイ

スのさらなる集積化・高性能化を可能とする 3D パッケージ技術の開発を行う事業に対する助成を決定した（産総研 2021）。

　第三に，2022 年 11 月に，前述の米国 CHIPS・科学法に倣い，2nm ノード以細の次世代半導体の量産技術の実現に向けたオープンな研究開発プラットフォームとして，「技術研究組合最先端半導体技術センター（Leading-edge Semiconductor Technology Center（LSTC））」の設立を公表するとともに，次世代半導体の量産製造拠点の確立を目指し，新会社「Rapidus 株式会社」の設立と同社の技術開発プロジェクトに対する 700 億円の助成が公表された（経済産業省 2022b）。

　近年の日本政府による半導体サプライチェーン強化に向けた各種支援措置は，既に「2 周遅れ」とも評される半導体製造技術について（若林 2022），その技術格差を縮め，ひいては日本の経済安全保障の強化を図るものであると言うことができる。前述のように，米国が 5 年間で約 500 億ドル（約 7 兆円），EU が 2030 年までに最大 430 億ユーロ（約 6 兆 2300 億円）（European Commission 2022, 11-12）の半導体分野への拠出を表明しているのと比較すると規模が小さく，また時期的にも遅きに失した側面があることも事実ではあるが，同時に，技術開発にはやってみなければ分からない部分もあり，日本の半導体産業全体への潜在的な波及効果等にも鑑みれば，前向きに評価し得る部分も多くある。重要なことは，技術開発には一定の時間がかかり得ることから，一度支援措置を講じると決定した以上，長期間に渡って日本政府自身がコミットする必要があることと，その一方で，半導体市場や関連技術の開発状況などを踏まえて臨機応変に対応し得る余地を残しておくべきことである。また，仮に経済政策ないしは産業政策としての成功確率は低かったとしても，これらの措置が安全保障政策としての意義をも有する点も忘れてはならないだろう。

第4節　おわりに

　本章においては，米国と日本における半導体サプライチェーンに関する国際通商法の側面等における近年の動向を概観した。基本的価値観や政治体制を異

にする中国の経済成長に伴う近年の「経済と安全保障の融合」とも言える現象
は，軍事および経済の両面において重要となる多くの機器を動かす半導体を
巡って最も顕著に表れていると言うことができる。筆者の能力不足から，半導
体サプライチェーンを巡る一部の法的措置等について概観することしかできな
かったが，日本が現時点で講じる政策の１つ１つが，10 年後，20 年後の日本
の生存に深く関係しているという認識を持って，今後とも本分野の動向を注視
していく必要がある。

[注]

1　本章は，2022 年 11 月 30 日時点の情報に基づき執筆されたものである。本章の内容は筆者個人
　　の見解であり，筆者が所属する組織とは一切関係がない。
2　小野は，「米ソの関係が冷え込めば冷え込むほど，中国は米国が持つ先端技術へのアクセスが許
　　され」てきたとしている。
3　慣習国際法上，国家が自国の領土を超えて自国法の管轄権を主張することが認められる根拠とし
　　て，一般に，① 属地主義，② 国籍主義，③ 保護主義，④ 普遍主義，⑤ 受動的属人主義，が挙げ
　　られるところ，本文で述べた（b）-（e）の品目は，このいずれによっても直ちには管轄権の行使が
　　正当化されないと考えられるためである。
4　エンティティリストは禁輸対象者のリストではなく，BIS の個別の判断によっては許可が出るこ
　　とがある点に注意が必要である。筆者の経験上も，5G 関連ではない汎用品の JHICC やファーウェ
　　イ等向けの再輸出について，BIS から許可を得られたことが複数ある。
5　未検証リストに追加された場合，許可例外を使用することが出来なくなるほか，通常のライセン
　　ス要件に加えて，「UVL ステートメント」の取得が義務付けられる（15 CFR § 744.15）。
6　対象となる半導体として，① 非平面トランジスタアーキテクチャーを使用するまたは 16/14 ナ
　　ノメートル以下の製造技術ノードを使用するロジックチップ，② 128 層以上の NAND 型メモリー
　　チップ，③ 18 ナノメートルハーフピッチ以下の製造技術ノードを使用する DRAM 集積回路，が
　　挙げられている。
7　仮に当該半導体工場が脚注 6 の ① ないし ③ の製品を製造しているかどうかが分からない場合に
　　は，対象となる品目は，半導体等に係るエレクトロニクス分野の試験装置，検査装置，製造装置，
　　材料，ソフトウェア，技術等となる。
8　① 米国市民権・永住権等を有する自然人，② 米国法に基づき設立された法人，③ 国籍を問わず
　　米国に所在する自然人，を含む（15 C.F.R. § 772.1）。
9　ドイツの Siemens 社が 2016 年に米国の Mentor Graphics 社を買収した後，米国テキサスに本社
　　を置く Siemens Digital Industries Software 社の一部門として運営されていることから，EAR 上
　　は米国企業であると評価できる。
10　典型的な半導体の製造工程を想定すると，① まず，米国製設計ツールを用いて作成した IC の設
　　計情報が米国製ソフトウェアの直接製品となり，フォトマスク作成等のために当該データを台湾等
　　のファウンドリーに提供する際に BIS への許可申請が必要となる可能性があるほか（BIS 2021b, p.
　　4 および p. 8 の 2 つの A2 を参照），② 台湾等のファウンドリーにおける必須機器に米国製製造機
　　器が用いられている場合には，製造された半導体（完成品または半完成品）それ自体が米国製技術
　　の直接製品となり，その再輸出等に BIS への許可申請が必要となりうる。

11　https://www.cbp.gov/trade/forced-labor/withhold-release-orders-and-findings

12　The White House 2021, p. 45 においては，半導体素材にも用いることができるポリシリコンの世界市場における中国の市場占有率（70％以上）がリスクである旨が述べられている。ただ，新疆ウイグル自治区は，レアアース・希土類の埋蔵量が豊富であるとともに，精製プロセスの大半を担っているとも言われていることから，米国の主な狙いは中国において精製されたレアアース類の使用である可能性もある。

13　筆者がバイデン政権の内情に詳しい有識者に聞いたところ，政権発足直後にこうした大統領令を発出できた背景として，米国半導体工業会（SIA）やボストン・コンサルティンググループ等によるインプットが行われていた可能性があるとのことであった。

14　適用除外が認められうる理由として，① 米国内に物理的拠点を有しないこと，② 調査対象に含まれる物質，製品，サービス，または技術を提供，製造，販売，利用，調査，開発，相談，助言，またはその他の直接・間接の関連を有しないこと，③ 調査票の受領より 12 カ月以上前に業務を停止していること，④ 事業を開始して 1 年未満であること，⑤ 回答が現実的でない事情があると BIS が認めること，の 5 つが挙げられている（15 C.F.R. §702.4）。

15　https://www.bis.doc.gov/SemiconductorServey

16　2022 年 10 月に第 2 回目の調査票が複数の企業宛に発出されており，回答期限は受領から 60 日以内とされている。

17　簡潔にまとまったものとして，ジェトロのビジネス短信の米国部分（https://www.jetro.go.jp/biznewstop/biznews/n_america/us/）を参照。

18　具体的な貨物は輸出貿易管理令別表第一に，技術・プログラムは外国為替令別表に，それぞれ列記されている。

19　独自措置の導入が GATT 第 1 条の最恵国待遇原則や第 11 条の数量制限の一般的廃止等に抵触する可能性を懸念する反論もあり得るが，現時点においてもデュアル・ユース品目は，GATT 第 21 条（b）（ii）の「武器，弾薬および軍需品の取引並びに軍事施設に供給するため直接または間接に行なわれるその他の貨物および原料の取引に関する措置」等の例外に該当すると一般に考えられており，その枠内で既に多くの半導体材料や製造装置等が輸出管理対象となっているところ，あくまでその具体的な対象品目の拡大に過ぎず，半導体が戦車やミサイル等の幅広い軍事品目に用いられていることも考慮すると，WTO 協定違反とされる現実的な可能性は極めて低いと言ってよいだろう。

20　久野 2022, p. 54 は，「「経済が安保か」という極端な二元論に陥ることなく，両者のバランスを柔軟に管理しながら政策を運営していく必要がある」とし，筆者も大きな方向性に異論はないが，「経済」と「安全保障」とを同一レベルの価値と捉えている点において，経済安全保障推進法の建前とは整合しない部分がある。

21　改正法の概要は，以下の経済産業省ウェブサイトを参照。https://www.meti.go.jp/policy/mono_info_service/joho/laws/semiconductor.html

22　https://www.meti.go.jp/policy/mono_ info_ service/joho/laws/semiconductor/semiconductor_plan.html

［参考文献］

日本語文献

一般財団法人安全保障貿易情報センター（CISTEC）事務局（2022）「最近の米欧，中国の輸出管理・経済安全保障規制動向等と留意点」CISTEC ウェブサイト（https://www.cistec.or.jp/service/uschina/51-20220906.pdf，2022 年 11 月 30 日アクセス）。

内田芳樹（2022）「合衆国イノベーションおよび競争法から米国 Chips & Science Act へ」『国際商事

法務』50 巻 10 号 1291 頁以下。

大川信太郎（2021）「外為法に基づくみなし輸出管理の明確化について」『NBL』1207 号 4 頁。

太田泰彦（2021）『2030 半導体の地政学』日本経済新聞出版。

小野純子（2021a）「米国における輸出管理の歴史」村山裕三・編著『米中の経済安全保障戦略』芙蓉書房出版 37-70 頁。

小野純子（2021b）「輸出管理を巡る米中関係」村山裕三・編著『米中の経済安全保障戦略』芙蓉書房出版 71-109 頁。

久野新（2022）「グローバリゼーションと経済安全保障の均衡点とその行方」『貿易と関税』2022 年 4月号 44 頁。

経済安全保障法制に関する有識者会議（2022）「資料 1　特定重要物資の指定について」（令和 4 年 11月 16 日）内閣官房ウェブサイト（https://www.cas.go.jp/jp/seisaku/keizai_anzen_hosyohousei/r4_dai4/siryou1.pdf, 2022 年 11 月 30 日アクセス）。

経済産業省（2019）「大韓民国向け輸出管理の運用の見直しについて」経済産業省ウェブサイト（https://www.meti.go.jp/press/2019/07/20190701006/20190701006.html, 2022 年 11 月 30 日アクセス）。

経済産業省（2021）「標準必須特許のライセンスを巡る取引環境の在り方に関する研究会　中間整理報告書」経済産業省ウェブサイト（https://www.meti.go.jp/shingikai/economy/patent_license/pdf/20210726_1.pdf, 2022 年 11 月 30 日アクセス）。

経済産業省（2022a）「西村経済産業大臣の閣議後記者会見の概要（2022 年 11 月 8 日）」経済産業省ウェブサイト（https://www.meti.go.jp/speeches/kaiken/2022/20221108001.html, 2022 年 11 月30 日アクセス）。

経済産業省（2022b）「次世代半導体の設計・製造基盤確立に向けて」経済産業省ウェブサイト（https://www.meti.go.jp/press/2022/11/20221111004/20221111004-1.pdf, 2022 年 11 月 30 日アクセス）。

国立研究開発法人産業技術総合研究所（産総研）（2021）「3DIC 実装技術の共同研究を開始」産総研ウェブサイト（https://www.aist.go.jp/aist_j/news/pr20210531_2.html, 2022 年 11 月 30 日アクセス）。

財務省（2022）「外為法の目的と変遷」財務省ウェブサイト（https://www.mof.go.jp/policy/international_policy/gaitame_kawase/gaitame/hensen.html, 2022 年 11 月 30 日アクセス）。

佐橋亮ほか（2022）「国際通商政策の最前線（下）」『NBL』1228 号 9 頁。

産業構造審議会（2021）「通商・貿易分科会 安全保障貿易管理小委員会　中間報告」経済産業省ウェブサイト（https://www.meti.go.jp/shingikai/sankoshin/tsusho_boeki/anzen_hosho/pdf/20210610_1.pdf, 2022 年 11 月 30 日アクセス）。

産業構造審議会（2022）「第 9 回通商・貿易分科会 資料 3」経済産業省ウェブサイト（https://www.meti.go.jp/shingikai/sankoshin/tsusho_boeki/pdf/009_03_00.pdf, 2022 年 11 月 30 日アクセス）。

自由民主党新国際秩序創造戦略本部（2020）「提言 「経済安全保障戦略」の策定に向けて」自由民主党ウェブサイト（https://jimin.jp-east-2.storage.api.nifcloud.com/pdf/news/policy/201021_1.pdf, 2022 年 11 月 30 日アクセス）。

鈴木一人（2022）「検証　エコノミック・ステイトクラフト」日本国際政治学会・編『国際政治』第 205 号 1 頁以下。

総務省（2020）『令和 2 年版　情報通信白書』日経印刷株式会社。

高宮雄介ほか（2021）「経済安全保障をめぐる各国の規制・制裁の最新動向と企業に求められる対応（上）」『NBL』1202 号 53 頁。

内閣府（2022）「特定重要技術の研究開発の促進およびその成果の適切な活用に関する基本指針」内

閣府ウェブサイト（https://www.cao.go.jp/keizai_anzen_hosho/doc/kihonshishin3.pdf, 2022 年 11 月 30 日アクセス）。

日本機械輸出組合（2020）『米国輸出管理法の再輸出規制』晶文社。

日本経済新聞（2022）「米，対中規制に追随要求」（令和 4 年 11 月 2 日付日本経済新聞朝刊 1 面）。

日本貿易振興機構（ジェトロ）（2022）「米商務省，CHIPS プログラムの実施戦略発表，2023 年 2 月 までに申請受け付け開始へ」ジェトロウェブサイト（https://www.jetro.go.jp/biznews/2022/ 09/5aa718c08f58d8a6.html, 2022 年 11 月 30 日アクセス）。

松下満雄（2022）「米国輸出管理法と中国反外国制裁法の域外適用」『国際商事法務』50 巻 5 号 515 頁以下。

若林秀樹（2022）「「このままでは半導体三流国」最後のチャンスをつかめ」『NIKKEI ELECTRONICS』 27-28 頁。

英語文献

European Commission (2022) "COMMUNICATION FROM THE COMMISSION TO THE EUROPEAN PARLIAMENT, THE COUNCIL, THE EUROPEAN ECONOMIC AND SOCIAL COMMITTEE AND THE COMMITTEE OF THE REGIONS A Chips Act for Europe".

The White House (2021) "Building resilient supply chains, revitalizing American manufacturing, and fostering broad-based growth: 100-Day Reviews under Executive Order 14017".

U.S. Department of Commerce, Bureau of Industry and Security (BIS) (2018) "Addition of an Entity to the Entity List", 83 Fed. Reg. 210, at 54519.

U.S. Department of Commerce, Bureau of Industry and Security (BIS) (2019) "Addition of Entities to the Entity List", 84 Fed. Reg. 98, at 22961.

U.S. Department of Commerce, Bureau of Industry and Security (BIS) (2020a) "Addition of Huawei Non-U.S. Affiliates to the Entity List, the Removal of Temporary General License, and Amendments to General Prohibition Three (Foreign-Produced Direct Product Rule)", 85 Fed. Reg. 162, at 51596.

U.S. Department of Commerce, Bureau of Industry and Security (BIS) (2020b) "Addition of Entities to the Entity List, Revision of Entry on the Entity List, and Removal of Entities From the Entity List", 85 Fed. Reg. 246, at 83416.

U.S. Department of Commerce, Bureau of Industry and Security (BIS) (2021a) "Addition of Certain Entities to the Entity List", 86 Fed. Reg. 119, at 33119.

U.S. Department of Commerce, Bureau of Industry and Security (BIS) (2021b) "Foreign-Produced Direct Product (FDP) Rule as it Relates to the Entity List §736.2 (b) (3) (vi) and footnote 1 to Supplement No. 4 to part 744 Updated October 28, 2021".

U.S. Department of Commerce, Bureau of Industry and Security (BIS) (2021c) "Summary Information on Responses to Request for Public Comments on Risks in the Semiconductor Supply Chain, Issued September 2021".

U.S. Department of Commerce, Bureau of Industry and Security (BIS) (2022a) "Implementation of Certain 2021 Wassenaar Arrangement Decisions on Four Section 1758 Technologies", 87 Fed. Reg. 156, at 49979.

U.S. Department of Commerce, Bureau of Industry and Security (BIS) (2022b) "Commerce Implements New Export Controls on Advanced Computing and Semiconductor Manufacturing Items to the People's Republic of China (PRC)".

U.S. Department of Commerce, Bureau of Industry and Security (BIS) (2022c) "Implementation of

Additional Export Controls: Certain Advanced Computing and Semiconductor Manufacturing Items; Supercomputer and Semiconductor End Use; Entity List Modification", 87 Fed. Reg. 197, at 62186.

U.S. Department of Commerce (DOC) (2022) "A strategy for the CHIPS for America Fund".

U.S. Department of Homeland Security (2022) "Strategy to Prevent the Importation of Goods Mined, Produced, or Manufactured with Forced Labor in the People's Republic of China".

（松本　泉）

第5章

トランプ〜バイデン政権下の
半導体産業をめぐる米国国内政治[1]

第1節　はじめに

　2018年以降，米中の通商および安全保障上の対立が激化する中で，半導体がその焦点の1つとなっている。すなわち，半導体が，情報セキュリティの強化や経済のデジタル化，次世代高速通信や自動運転車の開発・普及など，安全保障から経済活動，社会インフラに至るまで戦略物資としての役割を高めていく中で，米国は中国にその開発・供給における主導権を握られぬよう，自国の半導体業界への産業政策や対中輸出規制など，「巻き返し」のための政策をとっているとされる。また，半導体サプライチェーンの再構築において，日本・オーストラリア・韓国・台湾など安全保障上の利害を共有する国々の協力を求める「フレンド・ショアリング」が掲げられ，地政学的リスクが低いとみなされたマレーシアなどでも欧米からの電子製品関連の直接投資が急増するなど，世界的な生産過程や投資の流れが大きな影響を受けている（真壁 2022；野木 2021；松木 2021）。

　本章の目的は，こうした一連の米国における半導体政策について，米国内においてどのようなアクターが，どのように異なる動機をもって対応し，その形成に関与していたのかを明らかにすることにある。無論大きな流れとして，米中対立の深刻化という地政学上の考慮がこれらの政策を規定していることは間違いないが，現実の政策形成過程においてはこういった政策を推進する側も，それに抵抗する側も，多様な思想や利害を背景に関与しているのである。

　本章のテーマは，より一般的にいえば，広い意味でのエコノミック・ステイ

トクラフトの内政的基盤ということにもなる。鈴木一人の定義に従えば、エコノミック・ステイトクラフト（ES）は「国家の主体的な行為として他国に対して何らかの意図をもって、経済的手段を通じて影響力を行使し、ESを発動する国家の望む結果」を得ようとする、いわば「攻め」の行為であり、経済安全保障は「『戦略的自立性』を確保し、対外的な変化に対して、国家の『独立と生存及び繁栄を経済面から確保すること』」を目的とする「守り」の方法とみなされる（鈴木 2022, 9）。本章が対象とする米国の半導体政策はその両方をカバーするものといえるだろう。すなわち、中国政府や企業による知的財産や技術移転に関する政策と慣行を問題視し、その変更を求めて米国政府が2018年以降に課した追加関税と輸出管理の強化は前者のESにあたると考えられる一方、輸出管理関連法制の強化に関してその主眼は中国の行動を変えることよりも「自国と同盟国が保有する高度な技術を死守し、自国の安全保障を達成すること」にあるともいえ、中国との相互依存関係を低下させることを狙ったサプライチェーンの再構築とあわせて後者の「経済安全保障」とみなすことができる（中本 2022, 234-235；小野 2021, 67）。もっとも、「先端技術の覇権国」としての地位をその「ステイトクラフト」を通じて可能にしてきた米国からすれば、両者は不可分のものともいえる（Weiss 2021, 164）[2]。

　杉之原真子が指摘するように、安全保障と経済的手段が交錯するESにおいては、明確な「外交的目的」を追求する「一体性を持った主体」が前提とされながらも、現実の対外経済政策については国内で多様なアクターの利害がかかわることとなり、その選好がどのように形成されているかが重要となる（杉之原 2022, 47）。実際、杉之原は「2018年外国投資リスク審査現代化法」について、議会での超党派的な支持や議会と行政府の選好一致など、一見一枚岩的にESを行使したように見えるが、現実には利益団体や世論の反応も含め各アクターの動機は多様であり、経済状況のよさなどの条件が一致したことでたまたま成立した合意である点を指摘している（同上, p.57）。

　本章が以下で明らかにするのも、半導体をめぐる米国による広義のES——貿易制裁、輸出管理の強化、サプライチェーン強化のための産業政策——の背景には、安全保障上の考慮のほかに重商主義的な通商政策や国内製造業の復興といった目的を追求する当局者や政治家の連携があるということである。ま

た，すでに中国とサプライチェーンや市場を通じて深い相互依存関係にある産業界は，貿易制裁や輸出管理の強化に抵抗しつつ，産業政策に関しては利害の一致する点を見出してその要求をある程度実現したのである。

第2節　米国半導体産業のグローバル・バリューチェーンにおける位置づけと産業政策に対する選好

　半導体産業は1990年代以降多国籍企業やサプライチェーンによる生産過程のグローバル化が著しく進み，それが半導体産業をめぐる政策に関与するアクターやその選好を複雑なものにしている一因である（Bown 2020）。特に中国との関連では，グローバル・バリューチェーン（GVC）を通じたつながりの深化，および市場としての重要性の高まりという2つの側面から，相互依存関係を捉えることができる。

　半導体産業のバリューチェーン総付加価値の中で，米国半導体業界は38%（2019年）と最も大きな割合を占めるが，中でも米国が中心となっているのは電子設計自動化（EDA）やコアIP，設計，半導体製造装置といった研究開発投資の比率が高い分野であり，それぞれ74%，67%，37%，41%の市場シェア（2019年）を占めている（Semiconductor Industry Association 2021, 15）。他方，素材やウェハー製造，そして組立・検査といった生産過程はその大部分が東アジア（中国，台湾，韓国，日本）で行われており，中でも組立・検査については中国でのものが38%を占める（Ibid.）。米国の半導体産業は，「ファブレス」と呼ばれる，設計と販売に特化し実際の製造は国外のファウンドリーに委託する水平分業型（すなわち，多国籍企業のように自社で設計と製造両方のキャパシティを持つ「垂直統合型」とも異なる）が伸長しており，その生産過程を通じて中国など東アジア諸国と相互依存の関係にあるのである（Bown 2020, 370）。

　このように，半導体生産のグローバル・バリューチェーンの中で中国は存在感を高めつつあるが（2019年時点で総付加価値の9%），それと同じく，あるいはより重要なのは世界の半導体消費に占める割合である。この観点からは，中国市場は全体の24%を占め，米国の25%にほぼ匹敵する（Semiconductor

Industry Association 2021, 15）。このことは，後述するように，半導体産業の研究開発投資費用確保という点でも重要である。

　このような条件下で，米国の半導体業界は，中国との競争が激化しつつある現代においても，過去の日米半導体摩擦の時代とは異なり，貿易保護主義からは距離を取っている。より一般的に，生産過程グローバル化の深化——FDIのような垂直統合や近年のグローバル・バリューチェーンを特徴づける水平統合双方による——に伴い，投資や中間財の調達を通じたGVCへの参加企業かそうでないかが貿易政策の選好を形成するうえで重要となり，特に個別企業としてロビイングを行う能力も前者の企業の方が備えている（従来は，産業別の利益団体が後者にとって集合行為問題を克服する手段であった）ことから，自由貿易志向のロビイングが優勢になっていることとされる（Osgood 2021）。米国の半導体業界も上にみたように他国半導体業界との間で水平分業が進み，他国からの輸入に対し声を上げる企業自体が少ないか，そういった企業もロビイングをするだけの体力がない可能性がある。しかも，米中に関してその相互依存関係は非対称であり，米国の半導体業界はその売上の20％が中国市場から得たものであるのに対し，中国の輸入自体に占めるその割合は5％に過ぎない（中国の主な輸入先は台湾と韓国）ことから，米国の半導体業界はより守勢に立たされることになるのである（Bown 2020, 378-379）。

　他方，米国の半導体産業といえば「シリコン・バレー」というイメージからカリフォルニア州が有名であるが，実はそれなりに地理的な広がりをもったものであるということも注目される（図表5-1）。図表5-1で雇用者数上位15州についてみると，カリフォルニア州はもちろんであるが，西海岸に沿ってオレゴン州，また近年は南西部・南部のアリゾナ州やテキサス州，フロリダ州など大統領選挙などで重視される地域にも広がるほか，共和党への支持傾向が強いアイダホ州も半導体メモリーで知られるマイクロン社が本社を置くなど，1万人規模の雇用を抱えている。このことから，以下でも見ていくように地元産業への影響も政策形成にかかわる要因であり，ここにも対中関係と国内の産業振興が半導体をめぐって複雑に結びつく余地があるといえるだろう。

図表 5-1 米国の州別半導体関連雇用者数, 2020 年

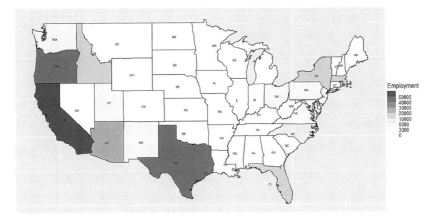

出所：Semiconductor Industry Assocciation & Oxford Economics（2021, p.11）をもとに筆者作成

第3節 米国の半導体政策をめぐる主要アクター

1. 大統領・閣僚・連邦機関

　本章が対象とする米国の半導体政策に関して，大統領やその周辺の閣僚，ブレーンらの役割は無論重要である。特に，「はじめに」でも述べたようにこの分野は安全保障と経済（産業）政策が交錯する領域であることから，各政権のそれぞれに対する思想や優先度が色濃く影響すると考えられる。例えばドナルド・トランプ大統領は，第4節でも見ていくように，米国の貿易赤字拡大を問題視し，米国に雇用と生産拠点を取り戻すといった重商主義的な政策を選挙戦の時から掲げており，新設した「国家通商会議」の委員長にはかねてから中国との対決を主張してきた経済学者のピーター・ナバロを任命した（木村 2017）。ただしトランプ大統領自身が外交上特に中国への強硬姿勢に固執していたかには疑問の余地がある。後述のように彼は原則にこだわらない"transactional" な政治家としばしば形容され，中国政府の新疆ウィグル自治区における人権問題や先端技術関連での対中制裁についても習近平政権との通

商交渉を成立させるためなら不問に付すか撤回する姿勢を明らかにし，自らの配下にある政府高官とも対立した[3]。

　他方，ジョー・バイデン大統領は自らの外交政策を「中間層のための外交」と呼び，産業政策を通じて国内経済の競争力を高め，労働者に利益となる形でサプライチェーンの脆弱性にも対処しつつ，同盟国と協調しながら中国に対抗し，自国の技術的優位を保つことを目指している（Crebo-Rediker and Rediker 2022）。多国間外交の強調など力点の違いはあるが，トランプ政権の保護主義，ひいては経済ポピュリズム自体は引き継いでいるのである（渡辺 2022, 53）。

　政権高官については，トランプ政権では対中強硬派の役割が強まり，特に対中関係において中国とのビジネス関係を重視する意見は脇に追いやられていたと指摘される。特に上述のナヴァロ国家通商会議委員長のほか，商務長官についたウィルバー・ロス，米国通商代表となったロバート・ライトハイザーらは対中強硬派として知られ，2018〜19 年の米中通商交渉でもビジネス寄りとみなされたスティーヴン・ムニューチン財務長官ではなくライトハイザーが前面に立った（Larres 2020, 104；118）。また，国務長官についても 2018 年 3 月には実業家出身で対北朝鮮や対中政策でたびたびトランプ大統領と対立したレックス・ティラーソンから外交上のタカ派で知られるマイク・ポンペオに交替し[4]，副大統領のマイク・ペンスも同年 10 月には新たな「鉄のカーテン」演説ともいわれるようなハドソン研究所での演説でそれまでの米政権による対中関与政策の根本的な転換を示唆するなど[5]，政権全体の対中強硬姿勢も強まっていった。

　他方，バイデン政権の高官は，特に対中政策や産業界との距離感によって，本章が対象とする半導体政策について微妙に異なるスタンスで臨んでいることが以下で明らかになる。安全保障担当の大統領補佐官であるジェイク・サリヴァンはカーネギー国際平和財団による報告書『米国外交を中間層にとってよりよいものにする』をサルマン・アフマド（国務省政策企画室長に就任）とともに取りまとめており，上述の「中間層のための外交」遂行の中心にいると考えられている（Ahmed et al. 2020；渡辺 2022）。その他，特に要となるのは通商代表部のキャサリン・タイ，商務省のジーナ・レモンド，財務省のジャネッ

ト・イエレンといった経済政策にかかわる高官である。いずれも実務やビジネス界での豊富な経験を買われての指名であったが，その承認プロセスにおいても対中姿勢がいわば「踏み絵」として連邦上院の場で問われることとなった。例えば，タイ通商代表は貿易制裁などを通じたトランプ政権期からの中国へのES を基本的に踏襲する姿勢を示し，民主党内の労組寄りの議員や共和党内の対中強硬派など広範な支持を得て上院での全会一致による承認をうけた[6]。他方，レモンド商務長官は輸出管理政策に関して継続を明言せず，かつて起業家であったことなどから立場が産業界寄りであるとの疑念をもたれ，マーコ・ルビオ上院議員（共和党）らが対中姿勢をより明確にするよう求めるなど承認に際し共和党 15 名からの反対票が入ることになった[7]。同様に，イエレンも承認にあたって対中強硬派の共和党議員ら 15 名からの反対を受けている[8]。

　行政府や連邦機関の中では，国防総省の役割も重要である。そもそも半導体産業は，その黎明期に集積回路（IC）がロケットやミサイルの制御システムに用いられ，公的資金の大量の投入により開発されたことに見られるように，軍需や宇宙開発と切り離せない関係にあった（牧本 2021, 20-21）。1980 年代から 90 年代にかけて日本の半導体メモリーが世界市場を席巻した際，官民が一致して危機感を強め，1986 年の日米半導体協定締結，そして翌年の対日貿易制裁の発動に至った背景には，この問題が安全保障上のものとして捉えられ，国防当局も強硬な姿勢を崩さなかったということがある（同上, p.22；太田 2021, 147-150）。米国では日本や韓国のような政府主導の「産業政策」に対する忌避感が強いとされ，実際に稀であるが，半導体産業に関しては例外である（Tyson 1992，邦訳）。これも国防総省の主導によるものであり，1987 年にはインテルやモトローラ，そして IBM や AT&T といった情報・通信システムを中核としながら半導体を内製している企業も参加する研究開発コンソーシアム「セマテック」（Semiconductor Manufacturing Technology, Inc.）を創立し，軍・産・学の連携の下で半導体技術の優位を確保しようとした（井上 1999）。その後，半導体産業の研究開発費に占める連邦からの補助の割合は低下していくが，国防総省は 2018 年に大統領令 13806 に基づき商務省・国土安全保障省らと協力してとりまとめた報告書「米国製造業および防衛産業の基盤とサプライチェーンの強靭性の評価と強化策」において，中国が半導体など

の先端技術に対して講じている産業政策が米国の産業基盤と安全保障に深刻な
脅威を与えているとし，技術流出の防止とともにサプライチェーンを通じた供
給先の多様化や安全保障上の目的に沿った産業政策の創設を勧告している[9]。

2. 連邦議会・議員

　米国連邦議会の議員は，所属する党派や超党派の議員連盟，また地元利益と
のつながりを通して半導体政策に様々なかかわりをもち，立法に関与してい
る。半導体産業の利害を特に代表するものとしては，超党派の上下両院議員か
らなる，「半導体議員連盟」(Semiconductor Caucus) があげられ，現在はメ
イン州選出のアンガス・キング上院議員（無所属・民主党会派所属）およびカ
リフォルニア州選出のゾーイ・ロフグレン下院議員（民主党）が共同議長を務
めている[10]。半導体議員連盟は，かねてより対 GDP 比で連邦からの半導体研
究開発支援が歴史上最低水準に低迷していることを問題視し，米国の技術的な
優位性と競争力を維持するための予算増額を訴えるなど[11]，半導体業界と歩調
を合わせてきた。

　また，上述のように半導体産業が地理的な広がりをもち，アイダホ州のよう
な共和党の優位な州や，アリゾナ州・オハイオ州のような二大政党が伯仲する
州にも生産拠点があることから，地元の産業振興という点からも業界に関心を
もつ議員が党派を問わず存在している点も重要である。半導体議員連盟にはア
イダホ州選出のジム・リッシュ（共和党），アリゾナ州選出のキアステン・シ
ネマ（民主党）両上院議員なども所属している。

　その他，連邦議会には共和党を中心に外交上の対中強硬派が根強く存在して
いることも指摘しておく必要があろう。特にまだ40～50代で「トランプ後」
の共和党からの大統領候補指名に野心を持つとされるマーコ・ルビオ（フロリ
ダ州），トム・コットン（アーカンソー州），ジョシュ・ホーリー（ミズーリ
州）上院議員らは人権問題や安全保障上の脅威をあげて中国をターゲットにし
た法案を次々に提出している[12]。

3. 企業・業界団体

　半導体業界も様々な形で組織化されているが，最も代表的なものは米国半導体工業会（Semiconductor Industry Association, SIA）であろう。SIA はインテルなどの垂直統合型デバイスメーカー（IDM）の主導により 1977 年に設立され，1980 年代には日本との半導体貿易摩擦において 1974 年通商法 301 条に基づく申立など米国政府に対する圧力団体として大きな役割を果たした（Bown 2020, 356-360）。しかし，上述の生産過程のグローバル化，様々な国をまたがるサプライチェーンの構築により，「半導体業界」の構成そのものも変わり，SIA はいまや IDM に限らずファブレス企業や半導体製造装置メーカー，そして台湾積体電路製造（TSMC）やサムスンといった海外企業もそのメンバーに含むようになっている（*Ibid.*, 373）。それに伴い，米国半導体業界の利害も特定の国を標的として連邦政府からの保護を求めるという一枚岩的なものではなくなっている。しかし次節以降に見ていくように，SIA は研究開発投資への連邦政府による支援の拡大を要求したり，ボストン・コンサルティング・グループ（BCG）などとも協力しながら政策提言を行うといった形で依然として大きな存在感を示している。また，米国の企業が世界的なシェアを誇る半導体製造装置メーカーについては，半導体装置協会（SEMI）という世界的な団体も存在する。その一員でもあるアプライドマテリアルズ（AM）の CEO は米中ビジネス協議会の理事も務めるなど，中国市場を重視している姿勢がうかがえる。

　また，中国から半導体を輸入するユーザ側の企業も通商法 301 条に基づく調査の公聴会などで意見を表明しているほか，バイデン政権下で半導体支援政策と予算が具体的に審議される中で Apple・Google・マイクロソフト社などが半導体業界との連合組織である「全米半導体連盟」（Semiconductors in America Coalition, SIAC）を結成し，ロビー活動に乗り出していったことが特筆される。

4. シンクタンク

　最後に，米国の政策論議や形成過程におけるシンクタンクやコンサルティン

グ会社の存在感も指摘しておく必要がある。上述のように，業界団体である SIA は BCG との協力で米国の政策の影響などに関し様々な試算を行い，政策提言を行うなど，その知的資源を活かすことが影響力の源泉の1つとなっている[13]。また，『フォーリン・アフェアーズ』を発行していることなどでも著名な米国外交問題評議会（Concil of Foreign Relations, CFR）も，テック企業経営者などを構成員とする独立の「イノベーションと国家安全保障に関するタスクフォース」（The Innovation and National Security Task Force）のスポンサーとなり，先端技術をめぐる対中関係など経済安全保障上重要な問題を討議させ，報告書としてまとめている（Manyika, McRaven, and Segal 2019）。その他，保守系ではペンスがいわゆる第二の「鉄のカーテン」演説を行ったハドソン研究所やヘリテージ財団なども重要な政策提言を行っている（宮田 2020）。

第4節　トランプ政権——貿易制裁から輸出管理，半導体関連立法まで

　ここまでみてきた米国半導体業界の GVC と国内産業における立ち位置，および関係する諸アクターの整理をもとに，現実に米国の半導体政策が 2018 年以降どのように展開され，それに対してどのような国内政治上の連合形成や対立がみられてきたのかを本節と次節で見ていくことにする。以下に見ていくように，トランプ政権とバイデン政権には半導体政策に関してかなりの連続性が見られるが，それでも政権の性格や関わるアクター（特に政権の閣僚など）にあらわれる違いも影響を与えているため，それぞれ個別に，時系列順に紹介していくことにする。

1.　通商法 301 条に基づく対中半導体輸入関税

　トランプ政権下の，半導体と対中関係に関わる政策としては，まず貿易制裁としての中国製半導体への関税引き上げが1つ重要なものとしてあげられる。これは，1974 年通商法 301 条に基づき 2017 年7月に米国通商代表が調査を開

始し，2018 年 3 月に公表した報告書で中国の知的財産権関連の政策・慣行を批判したことに基づき発動されたもので，同年 7 月には半導体を含む 818 品目に対し 25％の追加関税を課し，その後の数次にわたるリストの拡大で対象となった品目の中国からの輸入額総計は 2019 年 9 月までに 3500 億ドル以上にのぼったが，中国もこれに対し報復関税で対抗したものの，米国からの半導体集積回路や半導体製造装置は意図的にリストから外された（中本 2022, 236；Bown 2020, 374)[14]。これは一見明確な意図をもって決定された政策に見えるが，その背景にも様々な動機があり，また国内での反応も一様とはいえず，半導体業界からもむしろ反対の声が強かった。

　第 1 に広く指摘されるのは，中国をターゲットとしたこのような貿易制裁は，2016 年大統領選挙において米国の貿易赤字，特に対中貿易不均衡の是正を 1 つの大きな柱として掲げたトランプ政権の正確を色濃く反映したものであり，トランプ大統領個人としても中国との貿易交渉を優位に進めるための 1 つの切り札として捉えていたということである（Drezner 2019；Cunningham 2019）。カニンガムが指摘するように，トランプ大統領の形容として物事を常に取引との関連で捉える——"transactional" である——ということがしばしば言われるが，彼にとっては，通商法 301 条，さらには 231 条に基づく措置やその脅しも，公式に主張されるような不正な貿易慣行の是正などといった目的よりも「[相手国] 政府に対し，貿易交渉について譲歩したり，あるいは貿易（やその他の）政策について米国が要求するような変更を行うよう圧力をかけるための，強力なレヴァレッジ」として有用だったということである（Cunnihgham 2019, 53，日本語訳は筆者による）。

　ただし，米国政府が中国の技術政策・慣行に関して示した懸念が表面的な口実にとどまるものであったわけではない。これが第 2 の点である。中国の知的財産権に関する政策や慣行については，すでにオバマ政権下のアメリカ国際貿易委員会（USITC）が 2010-11 年に調査をしており，長らく米国企業からも懸念と不満が示されてきていたものであったが，それが具体的な措置の採用につながるには，ここで取り上げるトランプ政権の下での 1974 年通商法 301 条に基づく中国への技術移転の調査開始（2017 年 8 月 14 日）を待たねばならなかった（中本 2022, 232）。これをうけて USTR が 2018 年 3 月 22 日に公表し

た調査結果は，中国で事業を行う外国企業が中国企業との合弁が義務付けられていることや，米国企業の持つ先端的な技術の取得を目的とした国有企業による買収や民間企業の買収支援などを批判し，これらの政策や慣行がその差別性，あるいは不合理性によって米国にとり通商上の負担や制約を課すものであると認定している（中本 2022, 232-234；United States Office of the Trade Representative 2018）。2018年7月以降の，トランプ政権による数次にわたる対中関税引上げの目的にこうした政策や慣行の変更を中国に迫ることが含まれることには疑問の余地がなく，バイデン政権への交代後もインフレ対策として対象品目の修正などを検討しつつ，USTR はこうした慣行の変更に一定の効果があるとする国内企業・団体の声もあげ，見直しに慎重である[15]。

　こうしたトランプ政権による中国半導体への貿易制裁については，産業界から広範な反対が見られた（中本 2022, 237-238）。特に，1980年代の日米半導体摩擦では日本の貿易慣行の問題点を率先して指摘してきた半導体業界そのものが，今回は抵抗する側に回っていることが特徴的である（Bown 2020）。例えば SIA は，2018年6月15日に発表した声明の中で，知的財産権問題に関する米国政府の懸念を共有しつつ，制裁対象となる中国からの半導体は大部分が実際には米国で開発・設計・製造されたものであり，制裁は自身にも損害を与えるものであり中国の知財政策や産業政策を変えるために有効ではないと主張した[16]。連邦議会の半導体議員連合メンバーもこうした業界の主張と歩調を合わせ，同年7月27日に下院の超党派議員49名の連名で対中貿易制裁に反対するレターを USTR 宛に送付している[17]。

　こうした反対の声は主に設計など生産の「上流側」を占めている米国の半導体業界から来ているものだが，中国からの半導体を生産などに利用するユーザ側の反応はどのようなものだったであろうか。米国通商代表部が301条調査にあたって収集したパブリック・コメントについて，米国内の生産者側からは制裁に反対する声が大部分であり，特に中国からの中間財供給などに依存している企業ほどこうしたコメントを提出し，業界としての連合形成にも参加しているということが指摘されている（Lee and Osgood 2021）。他方，Apple 社などは世界各地に供給網を張り巡らし，中でも中国からの調達が大きな存在感を示す，GVC の代表例としても取り上げられる企業であるが（猪俣 2019, 18-

22），こうした企業のロビイングにおける存在感はインテルなどの半導体生産企業や SIA などの業界団体ほどではない。その理由として，こうしたグローバル企業の場合，供給網を中国以外の国に移すなどといった代替手段がより容易にとれるといった理由も考えられ，実際，Apple はトランプ政権の貿易制裁をうけてサプライヤーを変更するといった動きを取っている[18]。ただし，そのレポートの中で中国に対する貿易制裁とそれにともなう米中紛争の深刻化を批判した米国外交問題評議会（CFR）のタスクフォースには Apple 社の幹部も名を連ねており，こうした政策には批判的なものと推測できる（Manyika, McRaven, and Segal 2019）。

2. 輸出管理関連立法の改正・強化

　米国の半導体業界がかかわるサプライチェーンに大きな影響を与えた 2 つ目の政策は，2019 年以降の輸出管理の強化である。米国政府が特にターゲットとしたのはスマートフォン市場と 5G ネットワークにおいて占有度を高めてきた中国のファーウェイであり，2019 年 1 月には司法省がファーウェイおよびその関連会社を技術窃取や対イラン制裁違反などの行為について起訴し，法的にはこれが輸出管理エンティティリストへのファーウェイ追加の基盤となったとされる（Bown 2020, 377）。すなわち，商務省は 2019 年 5 月と 8 月のエンティティリスト拡大を通じてファーウェイとその関連会社への米国製半導体や EDA ツールなどの輸出を禁止し，さらに 2020 年 5 月には外国直接製品ルール（Foreign Direct Product Rule）を通じ海外に管轄権を広げることで，海外の米国製造装置を使用する企業に対してもファーウェイや関連企業に半導体を販売することを禁じ，抜け穴を塞いだ（Ibid., 377-379）。

　米国の輸出管理政策は，冷戦時代以降 ES と経済安全保障の手段として発展してきたものであり，自由貿易主義という国是と，先端技術をもつ国家として軍事技術の国外流出をいかに防ぎ，対外的な優位を保つかという安全保障上の要請とのバランスをとることに腐心してきた（小野 2021, 38）。冷戦後期にその根拠法となってきた 1979 年輸出管理法は 1990 年に失効し，クリントン政権期に一時復活するものの再び期限切れとなったことで国際緊急事態経済権限法

（IEEPA）に基づく輸出管理措置が行われてきた。オバマ政権は貿易障壁の排除や国際競争力の向上という観点から輸出規制の大幅緩和に動いたが，2010年の中間選挙以降議会のコントロールを失う中で改革は停滞した（同上，60-61）。

　このような中で，今度は特に中国を念頭に置き，輸出管理を強化する方向で制度の見直しが進むことになったのがトランプ政権での動きである。2018年に成立した2019会計年度国防授権法（NDAA）は，それぞれすでに超党派で連邦議会に提出されていた外国投資リスク審査現代化法（FIRRMA）と輸出管理改革法（ECRA）を取り込み，後者によって米国輸出管理の根拠法は恒久的なものとなった（同上，64）。

　エンティティリストにどのような対象が追加されるかは，「エンドユーザー審査委員会」によって広い裁量をもって決定され，それを構成するのは商務省・国防総省・国務省・エネルギー省の当局者である（中野 2021, 127）。特に，ファーウェイ追加などの決定においては，国防総省が積極的に動いたものと考えられている。次世代の移動通信システムの規格，いわゆる「5G」について，中国のファーウェイ社がその特許や機器を通じて支配力を高め，世界的な通信インフラを握られることや情報の窃取への懸念がその背景にはあった（太田 2021, 45-46）。前項で見たように，トランプ大統領の関心はもともと貿易赤字の改善や国内の産業振興であり，それをもとに中国に対抗する姿勢に米国国防当局は「便乗」し，ファーウェイに照準を合わせた制裁にもっていったという指摘もある（同上，46-47）。

　こうした輸出管理規制の強化，特に2019年5月のエンティティ・リスト拡大によるファーウェイの追加や2020年6月の軍事最終需要者の定義拡大などに対しても半導体産業界から反対の声が上がった。特に，国際半導体製造装置材料協会（SEMI）は，こうした措置が米国からの半導体製造装置の輸出に大きな打撃を与え，米国の貿易赤字もさらに悪化させる恐れがあると懸念を示し[19]，SIAも世界的なサプライチェーンに混乱を与える恐れがあると警告した[20]。また，アプライドマテリアルズ（AM）やKLAといった業界大手の各社も中国市場への依存度は高く，前述のように米中ビジネス協議会の理事も務めるAM社の会長は両国関係の悪化による市場の停滞を警告している[21]。

　連邦議会からも，かねてより共和党の先端技術タスクフォースなどに所属し影響力の強いジョン・コーニン上院議員らが連名でトランプ大統領に書簡を発出し，規則の変更が半導体業界や経済全体への影響，特に新型コロナウイルス感染症流行による混乱を十分考慮に入れておらず，米国の先端技術におけるリーダーシップも損なう恐れがあるとして慎重な検討を求めた[22]。

3.　米国半導体業界の支援・サプライチェーン強化

　以上のような，「攻め」のES として中国に対する貿易制裁を課し，また，中国による先端技術の開発そのものを阻害する目的で輸出管理を強める一方，2020 年にはより「守り」の動き，すなわち半導体サプライチェーンを中国に依存しない形で再編するための産業振興策の動きも強まることとなった。それが「米国での半導体生産の支援インセンティヴ創出（Creating Healpful Incentives to Produce Semiconductors for America）」法，いわゆる "CHIPS for America" 法（以下 CHIPS 法）である。CHIPS 法案は 2020 年 6 月 10 日に前述のコーニン上院議員を提案者として上院に提出され，下院でもテキサス州のマイケル・マコール下院議員（共和党）により 6 月 11 日に提出された。両法案は，米国半導体の研究開発費支援として 70 億ドルを拠出するとともに，国内生産への税制優遇措置や 100 億ドルの基金創設を盛り込んでいたが，単独では審議されず，2021 会計年度国防授権法（NDAA）の一環として成立した（Dyatkin 2021）。

　そもそもオバマ政権の下でも，大統領自身が金融危機後の米国経済復興策として科学技術関連予算の増額に積極的であり，就任直後の「2009 年アメリカ復興・再投資法（American Recovery and Reinvestment Act）」成立により研究開発への連邦政府からの支援の大幅な増額を図ったが，2010 年中間選挙で民主党が大敗するなど連邦議会がコントロールできなくなる中で，研究開発関連の予算は低迷することとなった[23]。トランプ大統領は逆に，科学技術関連予算の削減を掲げていたものの，連邦議会ではこれを増額すべきとの超党派的な合意が成立しており，研究開発支援の予算も回復傾向にあった[24]。

　前述の CFR による報告書でも，米国が先端技術における優位性を保ってい

く上で連邦政府からの研究開発支援予算をさらに拡充していく必要性が指摘されており，そこには半導体産業も明示的に含まれていた（Manyika, McRaven, and Segal 2019）。SIA もその報告書や声明などを通じて主張してきたように，半導体産業は研究開発投資の占める割合が特に高い業界であり――2020 年時点で売上の 18.6 ％ を占めるとされる（Semiconductor Industry Association 2021, 18）――その額は，対中貿易紛争の深刻化により米国の半導体業界が失うとされる収入の規模（約 16 ％）に匹敵するものでもあった[25]。

　連邦議会において，先の輸出管理強化に慎重な姿勢を見せていたコーニンらが提出者となり，CHIPS 法案成立への合意形成が超党派で比較的早くなされたのにも，このような背景があると考えられる。2020 年は新型コロナウイルス感染症の拡大により，半導体サプライチェーンの不安定化が問題となっていたこともこの流れを後押ししたほか，大統領選挙と上院の一部改選および下院の改選が重なっていたことにより，各議員が地元の産業振興に尽力していることのアピールに有用であったという点も指摘できる。例えば近年民主党・共和党が伯仲する激戦区となっているアリゾナ州からは，キアステン・シネマ（民主党），マーサ・マクサリー（共和党）両上院議員が CHIPS 法案の共同提案者に名を連ねており，マクサリーは国防授権法の上院可決時にその成果として半導体業界への国内生産支援が組み込まれたことをアピールしている一方[26]，シネマも自身が共同提出者として関わった同法が州内の経済と雇用に与える影響を強調している[27]。

　半導体産業の側もこの動きに呼応し，米国政府による半導体サプライチェーンの構築に必要な施策・資金について具体的な試算・提案を行っていった。代表的なものが，SIA と BCG による「半導体製造における政府による奨励と米国の競争力」と題した報告書である（Varas, Varadarajan, Goodrich, and Yinug 2020）。同報告書は，ファウンドリーをはじめ半導体を実際に製造するキャパシティにおける米国のシェア低下，そして米中関係の緊張と新型コロナウイルス感染症により米国の参加する半導体サプライチェーンの脆弱性が懸念されていることに留意し（*Ibid.*, 4），アリゾナへの TSMC 工場誘致もその問題への対処の一環であると指摘しつつ，米国にファウンドリーなどを呼び込むには 200 億ドル規模の支援で 2030 年に生産キャパシティの世界的シェア

を12％と現状を維持して新規キャパシティについては中国・台湾に次ぐ世界
第3位，500億ドル規模の支援で14％とし，新規キャパシティについては中
国につぐ2位につけることができるとした（*Ibid.*, p.23）。また，研究開発投資
についても，別の報告書で半導体向けの連邦政府による研究開発費支援を現状
の年43億ドルから5年で3倍，その他半導体関連の研究開発費支援を現状の
年17億ドルから2倍にすることで，米国の技術的優位性が守れるだけなく雇
用の増加や2029年までに1610億ドルの経済効果が見込まれると主張している
（Semiconductor Industry Association 2020, 7-9）。

　また，NDAA・CHIPS法案には台湾のTSMCや韓国のサムスンといった米
国に子会社を持つ海外の多国籍企業からのロビイングも行われた[28]。下に見る
ように，同法が立案されるきっかけはTSMC工場のアリゾナ誘致にあり，同
盟国からの半導体生産に向けた投資も対象とするものである。

　このことからも分かるように，こうした半導体産業支援の動きが完全にボト
ムアップ的に，半導体業界や連邦議員のイニシアティブのみによって出てきた
わけではない。重要な背景の1つとして，ファウンドリーの世界最大手である
台湾のTSMCの工場をアリゾナに誘致し，その計画が2020年5月に発表され
たことがあげられる。これは経済的な合理性ではなく米国政府の強い働きかけ
によるものであり，その声明文が「米連邦政府とアリゾナ州が支援するという
理解と約束」に言及していることから，米国政府の補助金を見込んでのもので
あったことが推測される（太田 2021, 20)。これに大きくかかわったのがマイ
ク・ポンペオ国務長官とキース・クラック国務次官（経済成長・エネルギー・
環境担当）である。ポンペオ国務長官は5Gやクラウドサービスなどから中国
企業を排除する「クリーン・ネットワーク計画」を推進するなど，中国による
先端技術での優位を確立する試みに対抗する姿勢を強く打ち出していた
（Pearson, Rithmire, and Tsai 2022）。クラック国務次官はポンペオ国務長官と
ともにCHIPS法の立案に深くかかわったとされ，2022年のインタビューでは
2020年当時，「CHIPS for Americaを策定する上で，TSMCが不可欠な"触
媒"となると確信し」ており，大学なども含めた半導体生産のエコシステム構
築に同法が大きな効果を持つと考えていると述べている[29]。

第5節　バイデン政権

1.　対中貿易制裁および輸出管理

　バイデン政権の半導体にかかわる対中 ES のうち，貿易制裁と輸出管理については，本章を書いている時点で進行中の事態も含まれ，今後も変化していく可能性はあるが，基本的にトランプ政権の政策を継続しつつ，さらに強化の機会をうかがっていくという方向である。

　貿易制裁については，対中政策に加えてコロナ禍とロシアのウクライナ侵攻に伴う資源価格の高騰から生じたインフレーションへの対応という要素も加わり，バイデン政権の意思決定過程はより複雑なものとなったが，本章執筆時点ではまだ制裁措置の緩和などには至っていない。ただし，米国通商代表部は2022年11月15日〜23年1月17日の間に半導体を含む通商法301条下の制裁の有効性や消費者などの影響，とりうる代替策などに関するパブリックコメントを求め，見直しに際して考慮するとしている[30]。

　輸出管理政策についても，バイデン政権はトランプ政権期のエンティティリスト拡大に基づく規制を踏襲してきたが，2022年10月には商務省が規制対象のさらなる拡大を発表した。そこでは国家安全保障上の懸念をあげて規制品目リストに先端半導体やコンピューター関連の汎用品を追加するとともに長江メモリ・テクノロジーズ（YMTC）など中国の31企業を未検証リストに追加し，中国のスーパーコンピューターなどの開発能力や部品調達を著しく制限しようと試みている[31]。

　バイデン政権は，発足当初から米中第一段階合意の履行，特に中国による米国製品の輸入増加や貿易慣行の是正といった具体的な成果なしに制裁措置の見直しや緩和を急ぐことはない，という姿勢であったが，2022年に入り，中間選挙が近づきインフレーションが抑えられない中で，一部関税を引き下げることで消費者への負担を減らすことが議論されるようになった[32]。バイデン大統領自身，中国に対する ES としての通商法301条に基づく制裁措置の継続と，インフレーションへの対応策としての輸入関税の引き下げと，その「中間層の

ための外交」実現においてディレンマに直面しているように見える。

バイデン政権内でも，指名時に指摘された対中姿勢や産業界との距離感の違いが，制裁緩和の是非についても態度を分けていると考えられる。タイ通商代表は，対中貿易交渉を有利に進めるうえでレヴァレッジとなるようなカードを簡単に捨てるべきではないという立場から，公式にも，また政権内部の議論でも，対中制裁の緩和に反対してきたと報じられる[33]。一方で，イエレン財務長官は中国の政策を変えるうえで「あまり戦略的（strategic）でない」措置については産業界や消費者の被る損害を考慮して撤回すべきだと主張し[34]，レモンド商務長官も同じ立場だとされる[35]。7 月にはレモンド商務長官ら対中制裁緩和派が政権内での議論に敗れ，関税引き上げ撤廃をごく一部の製品にとどめた含む新たな措置が公表されるとも報じられた[36]が，本章執筆時点では措置の変更に関する発表はなく，現状維持のままである。

輸出管理の強化については，バイデン政権内でも情報機関が 2021 年 10 月から AI や先端半導体等の開発の進捗状況に関して警告を発し，サリヴァン大統領補佐官が関連製品の輸出を防ぐよう早い段階で唱えるなど，安全保障政策にかかわるメンバーが積極的であった。他方，同盟国の対中輸出管理政策との調整を図らなければ有効性を失うことから，国務省ら外交コミュニティからは拙速な規制強化が同盟関係を損なう恐れがあるとし，商務省からもレモンド長官らが同盟国との協調を先にしなければ実効性のないまま米国企業の利益を損なうのみの結果になるとして慎重論が出されていた[37]。

以上のような政権の動きに対し，産業界からは貿易制裁・輸出規制の双方について緩和を求める声が前政権期から継続して上がった。一例として，SIA は 2021 年 12 月に米国通商代表部へ提出したコメントの中で，通商法 301 条に基づく半導体関連の関税引き上げは世界的なサプライチェーンの混乱と半導体不足の原因になっていると指摘し，措置の撤回を求めている[38]。また，輸出管理に関しては，半導体業界の代表者の一人がバイデン政権はトランプ政権のような「独善的」（go-it-alone）アプローチをとらず，産業界からの意見を採り入れて政策を形成するのではないかと期待を寄せつつ，管理強化の方向を押し戻すことが政治的には難しいと指摘している[39]。

連邦議会の議員からもこれら 2 つの政策に対して積極的な関与や意見表明が

みられたが，貿易制裁に関しては意見の分裂が表面化したのに対し，輸出管理については対中強硬派の意見が目立った。貿易制裁については，次項で見るCHIPSへの予算割当のための法案に関し，上院案では対中追加関税の適用除外措置を拡大する「通商条項」が含まれていた一方，これが下院案では含まれないなど，議会自身も政策実行の当事者になっていたということがあげられる[40]。輸出管理については，やはりルビオ上院議員らが一貫してエンティティリストの拡大を求め，特に YMTC を名指ししており，2022年8月には民主党のシューマー上院議員らもこれに同調して同社をエンティティリストに含めるよう求めるレモンド商務長官宛の書簡に名を連ねている[41]。

2.　半導体産業への財政支援

　上述の，2021会計年度国防授権法に盛り込まれた CHIPS の予算割り当てについては，バイデン政権期の連邦議会による立法にもち越されることになった。2021年6月には，上院において「米国イノベーション競争法案」（USICA）が可決され，CHIPS 関連では520億ドルの予算が配分された[42]。下院での審議は遅れ，最終的に2022年2月4日に「米国競争法案」（America Competes Act）として成立し，こちらも CHIPS 関連で520億ドルの予算を確保するとともに，米国にとって不可欠な物資のサプライチェーンを強化し国内での生産を支援するための資金として450億ドルを盛り込むものとなった[43]。これをうけて両院議員からなる合同委員会による調整が行われたが，こちらも付帯が試みられた上述の通商条項などをめぐり議論が難航したが結果的には通商条項の削除などで決着し[44]，上院では7月27日に，下院では翌28日に可決され，8月9日のバイデン大統領による署名を経て「CHIPS および科学法」（CHIPS and Science Act）として成立した[45]。

　こうした半導体産業支援の動きには，バイデン大統領のイニシアティブも大きく働いた。バイデンは就任当初の2021年4月12日に「バーチャル半導体CEO サミット」を開き，ホワイトハウスにおいてジーナ・レモンド商務長官やブライアン・ディーズ国家経済会議委員長ら同席の下，グーグルやインテル，マイクロン・テクノロジーの CEO らオンラインでの出席者を前に半導体

サプライチェーンの強化支援策を中国によるインフラ支配の動きに対抗する国家安全保障上重要な政策と位置づけ，米国の製造業復興や雇用回復のための政策とも結びつけながら CHIPS への支持を強調し，産業界にも協力を求めた（太田 2021, 10-11）[46]。上述の，バイデンの掲げる「中間層のための外交政策」の中でも半導体は重要な位置を占めており，下院での調整が難航していた 2022 年 1 月 21 日にはインテルがオハイオ州に新工場を建設する計画を歓迎するスピーチの中で CHIPS 関連法案の早期成立を促す[47]など，立法府への働きかけを続けた。また，上述の「バーチャル半導体 CEO」サミットにゼネラル・モーターズ（GM）やフォードなど米国内の自動車メーカーが招かれていることは，製造業の国内回帰に特に力点が置かれていることを示唆している（同上, 27-29）。

　一方，国防総省も最先端の軍事技術，特に人工知能（AI）や超音速，高速通信などに依拠したものに関する優位を保つうえで，この CHIPS 関連法案成立に強い関心をもっていた。バイデン政権発足時に国防副長官に指名・承認されたキャスリーン・ヒックスは，2022 年 7 月 25 日にバイデン大統領が CHIPS 関連法について企業・労働組合リーダーと行った懇談会でマイクロエレクトロニクス装置の製造・組立・検査を国内で行うキャパシティを高めることで，これらの部品へのアクセスを確保し軍事技術を最先端のものに保つという課題に答えられるとその意義を強調した[48]。こうした見解は米国の安全保障コミュニティで広く共有されているとみられ，2022 年 1 月にはオバマ政権下で CIA 長官を務めたジョン・ブレナンや同じく国防長官を務めたレオン・パネッタらが連名で上下両院の民主党・共和党各リーダーに CHIPS 関連法案などの早期可決を促す書簡を送付している[49]。

　半導体業界，特に SIA はトランプ政権期に引き続き CHIPS 関連法案の成立を強く働きかけていく。2021 年 9 月に公表された業界の現状に関する報告書では，コロナ禍でのサプライ・チェーン混乱による半導体不足が自動車などの製造業全体にも影響を与えていることを指摘し，米国が半導体生産能力を回復するには CHIPS 関連法などを通じ連邦政府からの研究開発費や国内生産への投資促進への補助・動機付けを行うべきだと主張している（Semiconductor Industry Association 2021, 8-10）。また，議会における法案審議・調整の遅

れにもいら立ちの声を寄せており，2022年7月にはインテルがオハイオ州に
建設予定の工場の起工式を延長し，TSMCも米国での投資計画に支障が生じ
ると警告を発している[50]。また，上に言及した，SIA参加企業とユーザ側の
Appleなどからなる SIAC も，半導体不足への対応を急ぐため議会に CHIPS
法への予算割り当てを迫る目的で2021年5月に結成されたものである[51]。

　連邦議会に関しては，上院では USICA が超党派的に可決された一方，下院
の米国競争法案はほぼ党派に沿った投票行動が見られた。一方，上院でもその
審議や調整の過程では産業政策として特定の分野に膨大な予算を投じることに
対して疑問の声があがった。民主党と会派を組むバーニー・サンダース
（ヴァーモント州）上院議員はこうした予算を社会福祉や気候変動問題対策な
どに向けるべきであり，大企業の利益のために使うべきではないとして反対し
たほか，共和党のマイク・リー（ユタ州）上院議員は大規模な財政出動そのも
のがインフレを悪化させると主張するなど，進歩派・保守派それぞれから反対
票が投じられた[52]。また，対中強硬派にも，ルビオ上院議員のように同法によ
る補助を受けて開発されたものが中国に流出しないための対策が不十分である
という観点から反対する議員が存在した[53]。

　また，まとまって連邦議員などを動かす力にはなっていないが，左右双方の
シンクタンクにも CHIPS 関連法への疑念を提示しているものはある。例えば
リバタリアン的な保守系シンクタンクであるヘリテージ財団の場合，上述の
リー，ルビオ両上院議員と同じように，中国への技術流出を防ぐ手立てが不十
分なままでは巨額産業補助金が逆に中国を利することになってしまうと主張
している（Carmack 2022）。また，ジョージ・ソロスがスポンサーとなってい
る新経済思考研究所（The Institute for New Economic Thinking）は，Intel
などの大手テック企業がこれまで利益を投資ではなく自社株買いに向け，株主
の利益を追求してきたことを指摘し，CHIPS 関連法が成果を上げるためには
こうした企業慣行を改めるための仕組みも必要だとしている（Lazonick and
Hopkins 2021）。このように，大企業を中心とした特定の産業への大規模な補
助金，また，それによる産業政策の有効性への疑問は，底流において根強く存
在しているといえる。

第 6 節　おわりに

　本章は，ここまで，トランプ政権期以来の米国の半導体政策，特に中国とのかかわりで貿易制裁，輸出管理の強化，そして半導体サプライチェーンの強化策について，国内の様々な集団の反応や働きかけを見てきた。これらは，全体としてみれば，中国による技術的優位性の確保の試みへの対抗など，明確な安全保障上の目的をもって相互に連関しながら形成されてきたように見える。しかしながら，「はじめに」でも述べたように，経済政策が手段となり目的ともなる ES/ 経済安全保障にかかわるアクターとその選好は多様であり，実際，一見保護主義による恩恵を受けそうな半導体業界やそれと結びつきの強い政治家からは反対や慎重な対応を求める声が，特に貿易制裁や輸出管理の強化に関してあがった。また，そもそもこうした政策を推進する動機についても，安全保障上の関心だけではなく重商主義的な通商政策や国内製造業の振興といった「内向き」なものも含まれており，これらが諸アクター間の連携によって組み合わさることで政策が形成されていったのである。

　無論，イシューの性格やとれる手段の上で，全体としては防衛コミュニティの影響力や大統領のリーダーシップが強く結果に影響した面はある。特に，通商法 301 条に基づく貿易制裁や輸出管理法上のエンティティリスト拡大に関しては，制度上大統領や行政府による裁量の余地が大きく，だからこそこれらの手段がとられた，とも言えるだろう。また，巨視的にみれば，第 2 次世界大戦以後，アジア太平洋における経済的な分業は軍需産業を中心に技術集約財に特化する米国と，資源節約的な方法で労働集約財に特化する日本やそれにキャッチアップしてきた他の東アジア諸国，といった形を基調としてきた（杉原 2020）のであり，前者の典型である半導体産業に関して，その技術的優位を守るために米国が安全保障上の考慮を前面に出すことは不自然でないといえる。上に紹介した，バイデン政権下での輸出管理政策に関する半導体業界代表者のコメントにも，政権移行期に一部の企業が商務省を訪ねて融通が利く余地を探ったが，この政策はあくまで安全保障上の考慮に基づいており，基本的な考えは政権が替わってもそのままであると伝えられた，との発言がみられ，そ

の現実は業界としても受け止めねばならなかったのだろう[54]。

　ただし，これらの政策に関しても，すでに中国と相互依存関係にある米国の半導体産業や科学技術政策に精通した連邦議会議員らからの反対や疑問の声はあげられ，また，輸出管理法制に関してもその前段階として議会による立法を必要としていたなど，行政府もフリーハンドを与えられていたわけではない。

　また，半導体産業の側も SIA による種々のレポートなどにみられるように，対中政策や産業補助金の影響などを計算・公表し，政策提言に活かすなど，具体的に個々の政策のコストを踏まえ対応を考えているように見える。特に，半導体への産業政策に関しては，これも国務省によるアリゾナ州への TSMC 誘致の動きなどに呼応した面はあるものの，立法府を巻き込んで自分たちが影響力を発揮できる部分では積極的に動き，ほかの二つの政策による損失を挽回する試みであったようにも見える。CHIPS 関連法による研究開発への連邦による支援の規模（5年で520億ドル）は，対中貿易摩擦に伴い失うとされる中国市場での収入（全体の約16%），そして半導体業界の研究開発投資額（年間約400億ドル）に照らせばほぼその埋め合わせとも言える。また，サプライチェーン再編にあてられた資金も，上に言及した，SIA と BCG の報告書で提唱されたより野心的な支援，すなわち新規キャパシティにおいて中国に次ぐ2位につけるという目標に必要な額とほぼ一致する[55]。

　以上のような国内政治上の基盤を知っておくことは，米国の今後の半導体政策を見通すうえでも必要なことと考えられる。繰り返し指摘してきたように，2018年以降の半導体産業をめぐる米国政府による広義の ES は，それぞれの具体的な政策についてみると技術覇権の維持，対中強硬外交，重商主義的な通商政策や産業政策など様々な動機が絡み合って形成されてきたものである。その連携も必ずしも安定的なものではないことは，トランプ政権期の対中輸出管理強化の継続をめぐるトランプ大統領と対中強硬派高官らの対立や，バイデン政権期の「中間層のための外交」の具体的な実現にあたって貿易制裁を通じた中国に対する ES とインフレ対策をどう両立させるかという悩みにも表れている。ただし，こうした連携の結果として形成された政策自体は，安全保障コミュニティや半導体業界などが報告書などを通じて目標を明確に示し，それぞれの政策に哲学的な基盤を与えていることもあり，必ずしも無原則なものとは

いえない。このことは，一連の政策の持続性にも影響すると考えられ，日本の
今後の対応や政策立案を考えるうえでも考慮すべき点であろう。

［注］
1　本章は科学研究費補助金（21K13245）による研究成果の一部である。
2　ワイスは ES を「地政的（geopolitical）なものであれ，地経的（geoeconomic）なものであれ，国際的なアリーナから生じる困難への対応」としてより広く定義している。
3　"The Tug of War On China Policy," *The New York Times*, June 19, 2020, p.1.
4　"Tillerson exit prompts tougher line on North Korea and trade," *Nikkei Asia*, March 15, 2018. https://asia.nikkei.com/Politics/International-relations/Tillerson-exit-prompts-tougher-line-on-North-Korea-and-trade（本章中の URL はすべて 2022 年 12 月 10 日に最終確認。）
5　「米副大統領，中国助ける時代『終わった』　融和路線転換」日本経済新聞・電子版，2018 年 11 月 2 日。https://www.nikkei.com/article/DGXMZO37243610R01C18A1M11000/
6　"Biden trade chief Katherine Tai wins unanimous Senate confirmation," Reuters, March 18, 2021. https://jp.reuters.com/article/usa-trade-tai/biden-trade-chief-katherine-tai-wins-unanimous-senate-confirmation-idINKBN2B92J9
7　"Biden walks tightrope on Chinese tech," National Journal, February 2, 2021; "Senate confirms Raimondo to lead Commerce Department," Politico, March 2, 2021. https://www.politico.com/news/2021/03/02/senate-confirms-raimondo-commerce-472658
8　"PN78-24 Roll Call Vote 117th Congress - 1st Session," https://www.senate.gov/legislative/LIS/roll_call_votes/vote1171/vote_117_1_00006.htm
9　Interagency Task Force in Fulfillment of Executive Order 13806, "Assessing and Strengthening the Manufacturing and Defense Industrial Base and Supply Chain Resiliency of the United States," September 2018. https://media.defense.gov/2018/Oct/05/2002048904/-1/-1/1/ASSESSING-AND-STRENGTHENING-THE-MANUFACTURING-AND%20DEFENSE-INDUSTRIAL-BASE-AND-SUPPLY-CHAIN-RESILIENCY.PDF
10　"Congressional Semiconductor Caucus," https://www.legistorm.com/organization/summary/135387/Congressional_Semiconductor_Caucus.html
11　"Semiconductor Caucus Calls on Congress to Prioritize R&D Investments," Semiconductor Industry Association, December 7, 2017. https://www.semiconductors.org/semiconductor-caucus-calls-on-congress-to-prioritize-rd-investments/
12　"Post-Trump superstars are all 'China hawks' on America's right," Nikkei Asia, June 7, 2020. https://asia.nikkei.com/Politics/Post-Trump-superstars-are-all-China-hawks-on-America-s-right
13　この点に関し，「半導体サプライチェーンに関する意見交換会」における議論から示唆を得た。
14　こうした一連の応酬を経て，2020 年 1 月に米中両政府は第 1 段階の経済・貿易協定に署名し，中国による市場アクセスの改善と知的財産権保護の強化の約束などが成果としてあげられる（西脇 2020，pp.171-3）。
15　日本経済新聞「米国，対中制裁関税の見直し作業を継続　18 年発動」2022 年 9 月 3 日，https://www.nikkei.com/article/DGXZQOGN0301N0T00C22A9000000/。
16　Semiconductor Industry Association, "SIA Statement on Trump Administration Tariff Announcement," June 15, 2018. https://www.semiconductors.org/sia-statement-on-trump-administration-tariff-announcement/.
17　"Lawmakers tell USTR semiconductor tariffs won't change China's behavior," Inside U.S.

Trade, August 3.
18 "Apple Has a Backup Plan If the U.S.-China Trade War Triggers iPhone Tariffs," Business Standard, July 1, 2019. https://www.business-standard.com/article/international/apple-has-a-backup-plan-if-the-us-china-trade-war-triggers-iphone-tariffs-119061200046_1.html
19 SEMI, "April 2020 Letter to President Trump," April 3, 2020. https://www.semi.org/sites/semi.org/files/2020-04/Apr%203%20SEMI%20FDPR%20Letter.pdf
20 SIA, "SIA Statement on Export Control Rules," April 27, 2020. https://www.semiconductors.org/sia-statement-on-export-control-rules
21 Nikkei Asia, "Top US chip boss says China tension risks 'decades of growth'," March 21, 2019. https://asia.nikkei.com/Economy/Trade-war/Top-US-chip-boss-says-China-tension-risks-decades-of-growth
22 Reuters, "U.S. lawmakers warn Trump against damaging U.S. chipmakers amid coronavirus crisis," May 7, 2020. https://jp.reuters.com/article/usa-chips-china/u-s-lawmakers-warn-trump-against-damaging-u-s-chipmakers-amid-coronavirus-crisis-idUSL1N2CO1L2
23 Matt Hourihan, "Science and Technology Funding Under Obama: A Look Back," January 19, 2017. https://www.aaas.org/news/science-and-technology-funding-under-obama-look-back
24 Matt Hourihan, "Update: In the Age of Trump, Congress Keeps Boosting Science Funding," December 18, 2019. https://www.aaas.org/news/update-age-trump-congress-keeps-boosting-science-funding
25 Antonio Varas and Raj Varadarajan, "How Restricting Trade with China Could End US Semiconductor Leadership," March 9, 2020. https://www.bcg.com/ja-jp/publications/2020/restricting-trade-with-china-could-end-united-states-semiconductor-leadership
26 "McSally Safeguards Troops, A-10 in Senate's Annual Defense Bill; Sen. Martha McSally (R-AZ) News Release," Congressional Documents and Publications, July 23, 2020.
27 "Congress Approves Sen. Sinema's Bipartisan Bill Boosting Arizona Innovation, Creating Jobs," December 11, 2020. https://www.sinema.senate.gov/congress-approves-sinemas-bipartisan-bill-boosting-arizona-innovation-and-creating-jobs
28 "Clients Lobbying on H.R.6395: William M. (Mac) Thornberry National Defense Authorization Act for Fiscal Year 2021," OpenSecrets. https://www.opensecrets.org/federal-lobbying/bills/summary?id=hr6395-116
29 「CHIPS 法が米国にもたらす影響は, 策定のキーパーソンが語る」EE Times Japan 電子版, 2022 年 8 月 31 日。
30 "Request for Comments in Four-Year Review of Actions Taken in the Section 301 Investigation: China's Acts, Policies, and Practices Related to Technology Transfer, Intellectual Property, and Innovation," Federal Register, October 17, 2022. https://www.federalregister.gov/documents/2022/10/17/2022-22469/request-for-comments-in-four-year-review-of-actions-taken-in-the-section-301-investigation-chinas
31 "Commerce Adds Limits on Exports of Chip Tech to China," EE Times, October 7, 2022. https://www.eetimes.com/commerce-adds-limits-on-exports-of-chip-tech-to-china/ ;「米商務省, 中国を念頭に半導体関連の輸出管理を強化」ビジネス短信, JETRO, 2022 年 10 月 11 日, https://www.jetro.go.jp/biznews/2022/10/8de85bd7c418ffd9.html
32 "Joe Biden's administration split on whether to remove China tariffs," *Financial Times*, July 23, 2022.
33 "Industrial Policy: Now Comes the Hard Part," The American Prospect, October 18, 2022.

34　"Yellen confirms she is pressing Biden for some China tariff," Reuters, May 19, 2022. https://www.reuters.com/markets/us/yellen-confirms-she-is-pressing-biden-some-china-tariff-reductions-2022-05-18/. 訳は著者による。

35　"Joe Biden's administration split on whether to remove China tariffs," *Financial Times*, July 3, 2022.

36　"Biden prepares action to reshape Trump's tariffs on China," *Politico*, July 5, 2022.

37　"How the U.S. Is Choking Off Tech for China," *New York Times*, October 14, 2022. Section A; Column 0; Foreign Desk;. p.1.

38　"SIA Urges Elimination of Harmful Section 301 Tariffs," Semiconductor Industry Association, December 8, 2021. https://www.semiconductors.org/sia-urges-elimination-of-harmful-section-301-tariffs/

39　"Biden walks tightrope on Chinese tech," *National Journal*, February2, 2021.

40　「米議会，対中競争法案調整の両院合同委員会メンバーを発表」JETRO ビジネス短信，2022 年 4 月 11 日。https://www.jetro.go.jp/biznews/2022/04/303e4f9b8fbd8cc8.html

41　"U.S. senators Schumer, Warner join calls to blacklist Chinese chipmaker YMTC," Reuters, August 2, 2022. https://www.reuters.com/world/us/us-senators-schumer-warner-join-calls-blacklist-chinese-chipmaker-ymtc-2022-08-01/

42　S.1260 - United States Innovation and Competition Act of 2021. https://www.congress.gov/bill/117th-congress/senate-bill/1260

43　H.R.4521 - United States Innovation and Competition Act of 2021. https://www.congress.gov/bill/117th-congress/house-bill/4521

44　「米上院が半導体補助金法案を可決，下院も可決の見通し」ビジネス短信，JETRO。https://www.jetro.go.jp/biznews/2022/07/a04feddeacbd728b.html

45　"FACT SHEET: CHIPS and Science Act Will Lower Costs, Create Jobs, Strengthen Supply Chains, and Counter China," The White House, August 9, 2022. https://www.whitehouse.gov/briefing-room/statements-releases/2022/08/09/fact-sheet-chips-and-science-act-will-lower-costs-create-jobs-strengthen-supply-chains-and-counter-china/

46　The White House, "Remarks by President Biden at a Virtual CEO Summit on Semiconductor and Supply Chain Resilience," April 12, 2021. https://www.whitehouse.gov/briefing-room/speeches-remarks/2021/04/12/remarks-by-president-biden-at-a-virtual-ceo-summit-on-semiconductor-and-supply-chain-resilience/

47　"Remarks by President Biden On Increasing the Supply of Semiconductors And Rebuilding Our Supply Chains," White House, January 21, 2022. https://www.whitehouse.gov/briefing-room/speeches-remarks/2022/01/21/remarks-by-president-biden-on-increasing-the-supply-of-semiconductors-and-rebuilding-our-supply-chains/

48　"Remarks in a Virtual Meeting With Business and Labor Leaders on Legislation To Promote United States Semiconductor Production, Technological Innovation, and Advanced Manufacturing and an Exchange With Reporters," The American Presidency Project, July 25, 2022. https://www.presidency.ucsb.edu/documents/remarks-virtual-meeting-with-business-and-labor-leaders-legislation-promote-united-states

49　"Former U.S. security officials urge Congress to act on China legislation," Reuters, February 2, 2022. https://www.reuters.com/business/former-us-security-officials-urge-congress-act-china-legislation-2022-02-01/

50　"Chip giants threaten to scale back U.S. expansion without subsidies," Nikkei Asia, July 5, 2022.

https://asia.nikkei.com/Business/Tech/Semiconductors/Chip-giants-threaten-to-scale-back U.S. expansion-without-subsidies

51 "Semiconductor Industry and Downstream Sector Leaders Form Coalition to Secure Federal Investments in Domestic Chip Manufacturing and Research,"SIAC, May 11, 2021. https://chipsinamerica.org/2021/05/11/semiconductor-industry-and-downstream-sector-leaders-form-coalition-to-secure-federal-investments-in-domestic-chip-manufacturing-and-research/

52 "Semiconductor bill unites Sanders, the right — in opposition," AP News, July 25, 2022. https://apnews.com/article/inflation-technology-congress-government-and-politics-7993ca0bb5e31d0f2141d0c2b349f370

53 "Marco Rubio defends vote against CHIPS bill in room full of microchip execs," Florida Politics, August 11, 2022. https://floridapolitics.com/archives/546212-marco-rubio-defends-vote-against-chips-bill-in-room-full-of-microchip-execs/

54 "Biden walks tightrope on Chinese tech."

55 　もちろん，SIA の側も一枚岩ではなく，参加する諸企業の業界内での立ち位置から出される異なる要求を擦り合わせた結果として，このような金額が出たものと思われ，その細かい経緯については今後の研究に譲りたい。この点についても，「半導体サプライチェーンに関する意見交換会」（2022 年 6 月 1 日）およびその後のメールを通じた議論から示唆を得た。

[参考文献]

日本語文献
井上弘基（1999）「米国半導体産業における産業政策の登場＝セマテック」『機械経済研究』30 号，1-31 頁。
猪俣哲史（2019）『グローバル・バリューチェーン――新・南北問題へのまなざし』日本経済新聞出版社。
太田泰彦（2021）『2030 半導体の地政学　戦略物資を支配するのは誰か』日本経済出版。
小野純子（2021）「米国における輸出管理の歴史　EAA から ECRA まで」村山裕三（編著）『米中の経済安全保障戦略　新興技術をめぐる新たな競争』芙蓉書房出版，37-70 頁。
木村誠（2017）「米国トランプ政権の通商政策の現状と課題～重商主義的政策への懸念は払拭できるのか～」『国際貿易と投資』第 108 号，3-16 頁。
杉之原真子（2022）「対米直接投資規制の決定過程からみるエコノミック・ステイトクラフト」『国際政治』第 205 号，45-60 頁。
杉原薫（2020）『世界史の中の東アジアの奇跡』名古屋大学出版会。
鈴木一人（2022）「検証　エコノミック・ステイトクラフト」『国際政治』第 205 号，1-13 頁。
中野雅之（2021）「米国の輸出管理の新展開」村山裕三（編著）『米中の経済安全保障戦略　新興技術をめぐる新たな競争』芙蓉書房出版，111-139 頁。
中本悟（2022）「米中 2 つの資本主義体制の経済摩擦――その構造と日本の課題――」中本悟・松村博之（編著）『米中経済摩擦の政治経済学―大国間の対立と国際秩序』晃洋書房，223-46 頁。
西脇修（2022）『米中対立下における国際通商秩序　パワーバランスの急速な変化と国際秩序の再構築』文眞堂。
野木森稔（2021）「米供給網強化策がもたらすアジア新興国への影響」日本総研，12 月 27 日。https://www.jri.co.jp/page.jsp?id=101819
真壁昭夫（2022）「半導体の地政学：世界の生産センター台湾と中国の緊張激化，米は巻き返しへ」Nippon.com，11 月 21 日。https://www.nippon.com/ja/in-depth/a08503/
牧本次生（2021）『日本半導体　復権への道』ちくま新書。

松木充弘「急増するマレーシアへの直接投資」日本総研，2022 年 10 月 27 日。https://www.jri.co.jp/page.jsp?id=103761

宮田智之（2020）「トランプ外交とシンクタンク─保守派専門家の動向を中心に─」『トランプ政権の対外政策と日米関係』令和元年度外務省外交・安全保障調査研究事業『トランプ政権の対外政策と日米関係』日本国際問題研究所，25-32 頁。

渡辺将人（2022）「内政と連動する外交──『中間層外交』を中心に」佐橋亮・鈴木一人編『バイデンのアメリカ　その世界観と外交』東京大学出版会，53-65 頁。

英語文献

Ahmed, Salman, Wendy Cutler, Rozlyn Engel, David Gordon, Jennifer Harris, Douglas Lute, Daniel M. Price, Christopher Smart, Jake Sullivan, Ashley J. Tellis, and Thomas Wyler. (2020). "Making U.S. Foreign Policy Work Better for the Middle Class." Carnegie Endowment for International Peace, September 23.

Bown, Chad P. (2020) "How the United States Marched the Semiconductor Industry into Its Trade War with China." *East Asian Economic Review*, 24 (4), 349-388.

Carmack, Dustin. (2022). "CHIPS Is a Missed Opportunity for Real Security."The Heritage Foundation, August 2. https://www.heritage.org/asia/commentary/chips-missed-opportunity-real-security

Crebo-Rediker, Heidi., and Douglas Rediker. (2022). "A Real Foreign Policy for the Middle Class: How to Help American Workers and Project US Power." *Foreign Affairs*, 101 (3), 105-16.

Cunningham, Richard O. (2019). "Leverage Is Everything: Understanding the Trump Administration's Linkage between Trade Agreements and Unilateral Import Restrictions." *Case Western Reserve Journal of International Law*, 51 (1), 49-76.

Drezner, Daniel W. (2019). "Economic statecraft in the age of Trump." *The Washington Quarterly*, 42 (3), 7-24.

Dyatkin, Boris. (2021). "While transistors slim down, microchip manufacturing challenges expand." MRS Bulletin, Vol.46, pp.16-18

Manyika, James., William H. McRaven, and Chairs Adam Segal. (2019). "Keeping Our Edge: Innovation and National Security," *Independent Task Force Report*, No. 77, Council on Foreign Relations.

Larres, Klaus. (2020). "Trump's trade wars: America, China, Europe, and global disorder." *Journal of Transatlantic Studies*, 18 (1), 103-129.

Lazonick, William., and Hopkins, Matt. (2021). Why the CHIPS Are Down: Stock Buybacks and Subsidies in the US Semiconductor Industry. Institute for New Economic Thinking Working Paper Series, No.165.

Lee, Jieun., and Iain Osgood. (2021) "Firms Fight Back: Production Networks and Corporate Opposition to the China Trade War," in Etel Solingen (ed.), *Geopolitics, Supply Chains, and International Relations in East Asia*, Cambridge: Cambridge University Press, 2021, 153-73.

Osgood, Iain. (2021). "Vanguards of globalization: Organization and political action among America's pro-trade firms," *Business and Politics*, 23 (1), 1-35.

Pearson, Margaret M., Meg Rithmire, and Kellee S. Tsai. (2022). "China's Party-State Capitalism and International Backlash: From Interdependence to Insecurity." *International Security*, 47 (2), 135-176.

Semiconductor Industry Association. (2020). "Sparking Innovation: How Federal Investment in Semiconductor R&D Spurs U.S. Economic Growth and Job Creation," June.

Semiconductor Industry Association. (2021) "2021 State of the U.S. Semiconductor Industry," June.

Semiconductor Industry Association and Oxford Economics. (2021). "Chipping In: The U.S. Semiconductor Industry Workforce and How Federal Incentives Will Increase Domestic Jobs,"May 19.

Tyson, Laura D'Andrea. (1992). *Who's Bashing Whom?* Institute for International Economics.（阿部司・竹中平蔵訳『誰が誰を叩いているのか。』ダイヤモンド社，1993年）

United States Office of the Trade Representative. (2018)., "Report on China's Acts, Policies, and Practices Related to Technology Transfer, Intellectual Property, and Innovation." March 22.

Varas, Antonio., Raj Varadarajan, Jimmy Goodrich, and Falan Yinug. (2020) "Government Incentives and US Competitiveness in Semiconductor Manufacturing," Boston Consulting Group & Semiconductor Industry Association, September.

Weiss, Linda. (2021). Re-Emergence of Great Power Conflict and US Economic Statecraft. *World Trade Review*, 20 (2), 152-168.

（吉本　郁）

索　引

執筆者紹介（五十音順）

戸堂康之（とどう　やすゆき）　担当：編者，第3章

早稲田大学　政治経済学術院　経済研究科　教授
東京大学教養学部教養学科卒業，学習塾経営を経て，スタンフォード大学経済学部博士課程
修了（経済学 Ph.D.）。南イリノイ大学経済学部助教授，東京都立大学経済学部助教授，東
京大学新領域創成科学研究科国際協力学専攻教授・専攻長を経て2014年4月より現職。経
済産業研究所ファカルティフェロー，日本貿易振興機構（ジェトロ）運営審議会委員，経済
産業省産業構造審議会通商・貿易分科会委員，内閣府国家戦略会議フロンティア分科会委
員，内閣府「選択する未来」委員会委員，T20ポリシーブリーフ責任著者などを歴任。研究
分野は，国際経済学・開発経済学・日本経済論で，サプライチェーンや共同研究ネットワー
クなど社会・経済ネットワークが経済発展や強靭性に与える影響に関する実証研究を大規模
な企業データを利用し行っている。主な著作に，『なぜよそ者とつながることが最強なの
か―生存戦略としてのネットワーク経済学入門―』プレジデント社，2020年，『開発経済学
入門（第2版）』新生社，2020年，『日本経済の底力―臥龍が目覚めるとき―』中央公論新
社，2011年，『途上国化する日本』日本経済新聞出版社，2010年，『技術伝播と経済成長―
グローバル化時代の途上国経済分析―』勁草書房，2008年。その他英文の査読付き学術論
文60本以上。

西脇　修（にしわき　おさむ）　担当：編者，はしがき，第1章，第2章

前政策研究大学院大学特任教授，経済産業省貿易経済協力局戦略輸出交渉官
東京大学法学部卒業，タフツ大学フレッチャー法律外交大学院修了（MALD）。博士（政策
研究）（政策研究大学院大学）。通商産業省（現経済産業省）入省後，三重県農水商工部産業
支援室長，内閣官房東日本大震災復興対策本部事務局企画官，貿易経済協力局安全保障輸出
管理国際室長，通商政策局通商機構部参事官（ルール）兼国際経済紛争対策室長，同参事官
（総括担当）等を経て現職。研究分野は，国際関係論，国際政治経済学，通商政策，経済安
全保障。主な著作に，『米中対立下における国際通商秩序　パワーバランスの急速な変化と
国際秩序の再構築』文眞堂，2022年，『国際通商秩序の地殻変動』（共編著）勁草書房，
2022年。その他主な論文として，「メガFTA後の新たな通商政策の動向に関する研究―
IPEFとTTC，交渉から政策協調へ―」『日本貿易学会研究論文』第12号，2023年3月，
「米中通商摩擦の本質について」『国際商事法務』Vol.49, No.1（通巻703号）2021年1月，
「国際通商法秩序の今後について」『日本国際経済法学会年報』第27号，2018年11月他。

松本　泉（まつもと　いずみ）　担当：第 4 章

ベーカー & マッケンジー法律事務所カウンセル弁護士
1981 年千葉県柏市生まれ。2007 年に経済産業省入省。通商政策局ロシア・中央アジア・
コーカサス室長等を歴任し，2020 年 7 月に退官。2021 年 2 月より現職。ハーバード・ロー
スクール法学修士。

吉本　郁（よしもと　いく）　担当：第 5 章

東京大学大学院総合文化研究科専任講師。政治学 Ph.D（オハイオ州立大学，2019 年）。専
門は国際政治経済学。論文に「国際制度による国内規制体系の転換：バーゼル合意の国内的
効用」（『国際関係論研究』第 29 号，2012 年），"Do aid projects from World Bank and China
impact state legitimacy differently? An exploratory analysis in Tanzania," *International
Political Science Review*, forthcoming. など。

経済安全保障と半導体サプライチェーン

2023 年 7 月 10 日　第 1 版第 1 刷発行　　　　　　　　　検印省略

編著者　戸　堂　康　之
　　　　西　脇　　　修

発行者　前　野　　　隆

　　　　東京都新宿区早稲田鶴巻町 533
発行所　株式会社　文　眞　堂
　　　　電　話 03（3202）8480
　　　　Ｆ Ａ Ｘ 03（3203）2638
　　　　https://www.bunshin-do.co.jp
　　　　〒162-0041 振替00120-2-96437

製作・モリモト印刷
©2023
定価はカバー裏に表示してあります
ISBN978-4-8309-5228-9 C3033